儿童玩具危险分析和召回管理

陈永广　编著

中国标准出版社
北京

图书在版编目(CIP)数据

儿童玩具危险分析和召回管理/陈永广编著.—北京：中国标准出版社，2008
ISBN 978-7-5066-4776-2

Ⅰ.儿… Ⅱ.陈… Ⅲ.玩具-产品质量-质量管理-中国- Ⅳ.TS958.07

中国版本图书馆 CIP 数据核字(2008)第 012516 号

中国标准出版社出版发行
北京复兴门外三里河北街 16 号
邮政编码：100045
网址 www.spc.net.cn
电话：68523946 68517548
中国标准出版社秦皇岛印刷厂印刷
各地新华书店经销
*
开本 880×1230 1/32 印张 9.5 字数 220 千字
2008 年 3 月第一版 2008 年 3 月第一次印刷
*
定价 25.00 元

前　言

Preface

当前对于儿童玩具安全性的重视已经被提升到前所未有的高度。

玩具产品国家标准GB 6675—2003《国家玩具安全技术规范》2004年10月1日起实施，该标准的实施标志着我国对玩具产品的技术要求基本与国际同步。

2005年12月30日，国家质量监督检验检疫总局、国家认证认可监督管理委员会发布2005年第198号公告，对部分玩具产品实行市场准入制度。自2007年6月1日起童车、电玩具、弹射玩具、金属玩具、娃娃玩具、塑胶玩具等六类玩具产品未经强制性产品认证不得生产、销售。

2007年8月27日，国家质量监督检验检疫总局(以下简称国家质检总局)第101号令发布《儿童玩具召回管理规定》，该规定的出台为保护儿童健康和生命安全提供了有力的法律武器，是对我国产品质量安全法律、法规体系的进一步完善。该规定的出台，将有力地促进儿童玩具生产者提高质量安全意识。该规定明确了生产者召回存在安全隐患的儿童玩具产品的义务和责任，对防范问题玩具出现伤害事故，规范我国儿童玩具的召回活动提供了制度保障。

一系列管理规范和措施已经出台，下一步的关键是贯彻落实和全面实施。这已不仅是监督管理部门和生产者两方面的问题，必须全民动员，让全社会认识儿童玩具缺陷的危害性。事实上，在一些国际标准中，除了规定对产品的安全要求外，还强调“即使玩具符合标准，也不能免除家长或其他监护人监管儿童的责任”。因此对于儿童玩具存在的各种危险进行剖析很有必要。作者希望通过剖析找到不同玩具危害的规律，从而引起生产者和家长们的重视，起到防患于未然的作用，也算是对召回管理规定的一种补充，供读者参考。考虑到玩具和部分儿童用品在安全要求和致害方式上具有类似性，本书有些内容也涉及到儿童用品。

全书共分三个部分：第一部分　儿童玩具导致的伤害及危险分析、第二部分　《儿童玩具召回管理规定》解释和适用、第三部分　相关法律法规和技术规范。

在本书撰稿的过程中得到了国家质检总局缺陷产品管理中心、中国标准出版社有关领导、编辑的帮助和支持，谨致谢意。

作　者

2007年11月于江苏仪征

目录
Contents

第一部分　儿童玩具导致的伤害及危险分析

第二部分　《儿童玩具召回管理规定》释义与适用

第三部分　相关法律法规和技术规范

附录　参考资料

第一部分

儿童玩具导致的伤害及危险分析

大部分玩具都是在伴随儿童成长的过程中匆匆完成自己的使命，所表现出来的安全问题并不十分显见。所以通常情况下，家长并不十分留意儿童玩具的安全信息。

但是，儿童玩具所带来的伤害一旦发生，那种切肤之痛只有亲历者才能体会。这种伤害或是突发的，轻则致伤、重则致残乃至夺去儿童的生命；或是渐进的如冷水煮青蛙般似的慢慢侵害儿童的身体，造成不可挽回的影响。有些伤害本可避免。

果冻成为“杀手”的真正原因并不在于其尺寸的大小，而是企业和家长共同失责的必然。因为，对于低龄儿童而言，由于天性所使，果冻和花生、糖果等物件一样都会造成噎食的后果。生产企业因媒体的指责和标准的修改加大了果冻的尺寸，这仅解决了问题的一个方面。如果家长们还是不懂得如何看护自己的子女、如何为他（她）们选择合适的用品（包括玩具），危险将依然存在。如同“大”的果冻依然会成为杀手，各种伤害将不会绝迹。

所以，全面了解儿童玩具存在的潜在危险，并自觉加以防范，不仅是生产者的法定义务，也是为人父母者的必修课。本书就是试图通过对玩具安全现状和召回案例的分析传达玩具危险的基本理念，为公众共同防范玩具安全问题提供一个参考。

- **分析依据**

产品的合格与否总是有判定的“标准”，包括有形的和无形的“标准”。

通常意义上的标准是指有形标准。中华人民共和国标准化法条文解释中，把标准定义为：对重复性事物和概念所作的统一规定。它以科学、技术和实践经验的综合成果为基础，经有关方面协

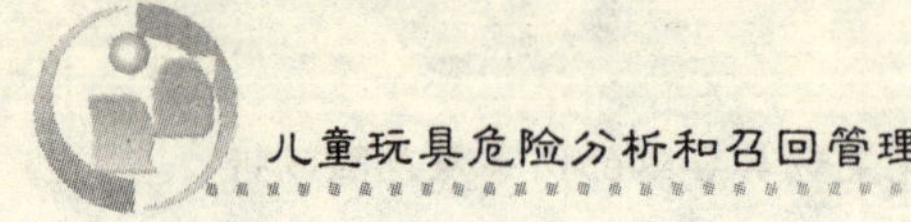

商一致，由主管机构批准，以特定形式发布，作为共同遵守的准则和依据。

还有一种标准是不被重视但又在特定条件下起能够用于评判是非的标准，这就是普遍意义上人们对产品质量和安全的理解及期待。

产品质量法第二十六条指出，产品质量应当符合下列要求：不存在危及人身、财产安全的不合理的危险，有保障人体健康和人身、财产安全的国家标准、行业标准的，应当符合该标准。要求的前段是无形的“标准”，要求的后段是有形的标准。

有形的标准总是滞后于无形要求。因此，本书对于玩具危险的分析并不完全出自现行的标准，有些潜在的产品危险尚不能找到对应的标准条款。反之，符合现行标准规定的产品不一定不存在危及人身、财产安全的不合理的危险，不符合现行标准要求的产品一定是不合格产品。

所以，伤害和召回案例在识别产品危险的过程中更具有参考价值。

• 现行玩具标准

国内现行的玩具及儿童用品标准约有 30 项，基本覆盖了主要的玩具产品和儿童用品。

1）国家标准

强制性国家标准：

GB 5296.5—2006　消费品使用说明　第 5 部分：玩具

GB 6675—2003　国家玩具安全技术规范

GB 14746—2006　儿童自行车安全要求

GB 14747—2006　儿童三轮车安全要求

GB 14748—2006　儿童推车安全要求

GB 14749—2006　婴儿学步车安全要求

GB 19212.8—2006　电力变压器　电源装置和类似产品的安全　第8部分:玩具用变压器的特殊要求

GB 19865—2005　电玩具的安全

推荐性国家标准:

GB/T 9832—1993　毛绒、布制玩具安全与质量

GB/T 13433—1992　产品标准中有关儿童安全的要求

2）行业标准

强制性行业标准:

QB 1557—1992　充气水上玩具安全技术要求

推荐性行业标准:

QB/T 1095—1991　玩具硬塑件通用技术条件

QB/T 1096—1991　木制玩具通用技术条件

QB/T 1288—1991　玩具惯性齿轮箱通用技术条件

QB/T 1289—1991　玩具娃娃通用技术条件

QB/T 2121—1995　童车油漆技术条件

QB/T 2122—1995　童车电镀技术条件

QB/T 2159—1995　儿童自行车整车通用技术条件

QB/T 2160—1995　儿童三轮车整车通用技术条件

QB/T 2161—1995　儿童推车整车通用技术条件

QB/T 2162—1995　婴儿学步车整车通用技术条件

QB/T 2231—1996　充气玩具通用技术条件

QB/T 2232—1996　电动童车通用技术条件

QB/T 2359—1998　玩具金属漆表面涂漆通用技术条件

QB/T 2360—1998　发条玩具通用技术条件

QB/T 2361—1998　惯性玩具通用技术条件

QB/T 2362—1998　电动玩具通用技术条件

QB/T 2363—1998　玩具电机

QB/T 2364—1998　玩具电机型号命名方法

▶ 说明：所有标准均会更新，强制性标准的最新版本必须执行。

3）标准实施的要求及法律地位

我国现行的标准体系从层级上分有四个层次：国家标准、行业标准、地方标准和企业标准。

对已有国家标准、行业标准或者地方标准的，鼓励企业制定严于国家标准、行业标准或者地方标准要求的企业标准，在企业内部适用。

国家标准和行业标准根据实施的要求不同，又分为推荐性国家标准、行业标准和强制性国家标准、行业标准。强制性标准，企业必须执行。不符合强制性标准的产品禁止生产、销售和进口。

企业生产的产品没有国家标准、行业标准和地方标准的，应当制定相应的企业标准，作为组织生产的依据。企业标准由企业组织制定，并报企业登记机关所在地质量技术监督部门备案。

2004 年 10 月 1 日起实施的玩具产品国家标准 GB 6675—2003《国家玩具安全技术规范》是玩具行业一个重要的国家强制性标准，基本综合了国际标准和发达国家对玩具的安全要求，可以说是国内玩具产品安全要求的总纲。不符合该标准的玩具产品一律不得在国内生产、销售和在经营性活动中使用（包括附赠），否则将会受到相应的处罚。

根据《中华人民共和国标准化法实施条例》第二十四条的规

定，企业生产执行国家标准、行业标准、地方标准或企业标准，应当在产品或其说明书、包装物上标注所执行标准的代号、编号、名称。

需要说明的是，安全标准并不是产品标准的全部。产品的性能与质量和产品的安全的统一才是对生产产品要求的全部。因此，玩具产品的生产者应当按照法律规定、强制性标准要求和明示的产品质量指标生产合格产品供应市场。

按照有关规定，在国内市场销售的产品目前还不能直接适用国际标准和国外标准。如有必要时，在没有国家标准、行业标准的情况下生产企业可以将国外标准转化为企业标准经备案后使用。

- **伤害案例**

有资料统计，目前中国十四岁以下的儿童有三亿多，其中城市儿童为八千万。

随着人们生产水平的提高，儿童持有玩具的比例也在不断上升，大部分低龄儿童均会有多款玩具伴随着成长历程。但是，由于玩具生产水平的差异以及玩具生产者主观故意生产劣质产品，每年均会有一定比例的儿童受到缺陷玩具的伤害。

每一个伤害案例都能够暴露出玩具产品不同的问题，有些是共性的，有些是个性的；有的产品虽然符合现行标准的规定，也出现了实际的伤害结果。对这些伤害案例的分析可以促使管理者和生产者对现行标准进行更新和补充；提醒消费者关注可能出现的各种潜在危险并加以防范。

- **召回案例**

对缺陷产品实施召回，已经是绝大多数国家的惯例。

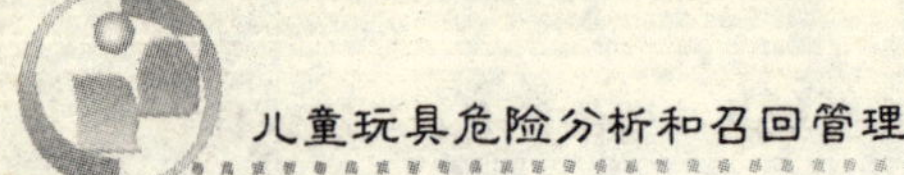

通过实施召回制度,可以使得危险隐患得到及时有效控制,避免伤害更多的儿童。这些案例,更多的是来自发达的资本主义国家和地区。这些国家和地区通过多年的实践已经建立起了比较完备的对缺陷产品的监管制度,值得我国借鉴。

2007年8月27日,国家质量监督检验检疫总局发布第101号令,公布了我国的《儿童玩具召回管理规定》,这将会强力推动我国玩具产品的安全管理工作,减少玩具伤害事故的发生。本书的第二部分将对该管理规定进行详细解释,供读者参考。

需要特别声明的是:产品的召回只适用于特定的批次的产品。因此,不能以本文对召回商品的描述判断市场上特征类似的产品就一定存在危险及缺陷。

所有召回的信息均来自公开的报道,引用汇总的目的在于引起能够读到本文的生产者、消费者和其他人员关注儿童玩具安全,识别有关的产品危险。由于我国的玩具召回工作刚刚开始,多数的召回案例均属于产品供应商自主召回并在美国消费品安全委员会(CPSC)官方网站公开披露的内容,除非例外,文中不再说明。

• 危险的分类

根据前述的分析依据,经过统计和分析,结合儿童特点,作者把致害危险依危害程度的大小依次分为:

机械伤害——窒息危险;

机械伤害——其他危险;

化学和材料的危险;

火灾和烫伤危险;

电击伤害危险;

听觉伤害危险；

警示和说明不足危险；

其他伤害危险。

• 正确选购和使用儿童玩具的综合建议

第一，不要购买三无产品，即无厂名、厂址 产品合格证的产品，这些产品的产品质量基本没有保障。

第二，要查验玩具产品生产企业在产品包装上提供的产品认证的信息。除童车、电玩具、弹射玩具、金属玩具、娃娃玩具、塑胶玩具六大类玩具产品实施强制认证制度需标有强制认证“3C”标志和证书号以外，企业自行依法开展的其他自愿性认证也是证明企业管理或产品质量符合相关标准的证据。有关信息可以到国家认监委的网站进行核实。一般情况下，经过认证的产品的质量要高于未经认证的产品。

第三，要考虑不同年龄阶段儿童的特点，选购合适玩具。按照国家标准的规定，合格的玩具一般均会标注产品适用的儿童年龄范围和对存在的危险给出警示，家长应予以充分重视。

第四，注意对在用玩具的维修和保养。特别关注因使用出现的小部件松动和因变形出现的尖锐边角，在玩具因出现危险的迹象时即停止让儿童接触。

第五，要注意国家权威机构公布的玩具产品的抽查报告和缺陷玩具产品召回信息，凡所购玩具产品在不合格之列或在产品召回范围的，应及时将玩具从子女身边拿开，确保不让他们接触。然后再根据不同的情况对玩具进行处理。

第六，对于使用玩具及其相关产品过程中受到缺陷产品的伤害时，除应依法维权外，还应当及时将有关伤害的信息报送当地的

质量技术监督主管部门，一方面可以得到维权指导，另一方面也可以实现对缺陷儿童玩具信息的评估汇总，以便及时启动对缺陷产品的调查程序和对存在系统缺陷的玩具进行召回。防止更多的儿童和使用者受到伤害。

第一章

机械伤害Ⅰ——窒息危险

儿童多动和低能的特点决定了他们是最容易受到伤害和需要最仔细保护的群体。窒息及相似类型的伤害属于突发和不可能自行解脱的严重事件。此类事件的发生常常伴随死亡的后果，需要引起广大家长的高度重视。

窒息：通指呼吸困难，或呼吸受阻而中断。考虑到防范的类同性，本节把异物进入儿童消化道的伤害归为与窒息同类的危险。

窒息危险发生的诱因包括：

较大面积的物体堵塞口鼻；

勒死；

闷死；

溺水死亡；

吸入异物堵塞气管而造成窒息；

咽下异物进入消化道造成身体不适乃至死亡。

第一节　较大面积的物体堵塞口鼻

一、易导致伤害的重点物品

用于儿童玩具的包装薄膜、大规格气球、袋状软性玩具、床上用品等。

塑料袋薄膜的平均厚度达不到国家标准要求的 0.038mm，就

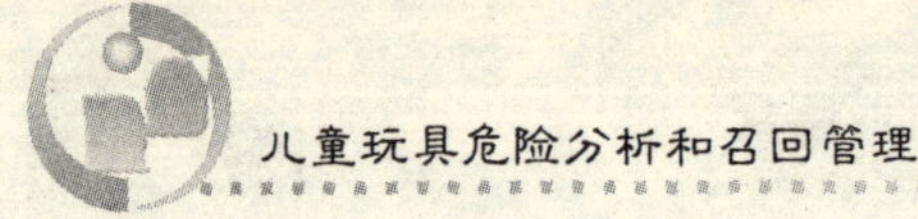

有可能因为塑料薄膜较强的吸附力而吸附在儿童的嘴鼻处，容易引发危险。

色彩鲜艳的气球也可能会给儿童带来致命的威胁；如果气球破碎，幼儿不小心把气球碎片送进嘴里，就会吸入碎片导致窒息。

窒息是1岁以下婴儿意外死亡的最大杀手，其中很大比例的意外就发生在婴儿床上。婴儿不小心把脸埋入柔软的枕头、被子、垫被和毛绒玩具里，嘴鼻被盖住，而自己动作能力发育不完善，难以摆脱这种困境，就会导致窒息发生。

二、伤害案例

2004年3月24日，意大利米兰省菲佐纳斯科镇一名12岁男孩放学后独自在家玩弄一只塑料袋时，不慎被塑料袋封住嘴巴和鼻子而导致窒息死亡。调查分析，这个男孩先是往这只塑料袋里喷洒除臭剂，然后就把鼻子探到口袋里试闻里面的味道，当即被袋内浓烈的除臭味熏昏过去，塑料袋口也因为他吸气的原因被紧紧地吸附在他的鼻子和嘴巴上，无法透气，阻碍了男孩的呼吸。

2006年4月3日晚，杭州滨江。7个月的婴儿被塑料袋蒙面窒息死亡。医生推测，最大的可能是家长怕孩子尿床，在床上垫了一层很薄的塑料布，或者孩子附近放着很薄的塑料袋，风一吹或孩子一翻身，塑料袋或塑料布捂到孩子脸上，他一吸气就蒙住了嘴鼻，这么小的孩子自己又拿不掉，最后窒息死亡。

2006年5月，广州某医院耳鼻咽喉中心。一名7岁的男孩，把避孕套当成了气球吹着玩，没想到球没吹起来，反而回吸进入了气管，把气道堵得严严实实，虽然医院尽力抢救，由于家长延误了抢救时间，最终孩子气绝身亡。

2007年7月16日晚，南京。仅有7个月大的婴儿，在睡觉时不慎从床上坠落，头部恰好落进床边一蒙着塑料袋的垃圾篓内，结果篓内的塑料袋裹住了宝宝的脸，导致婴儿重度窒息死亡。

三、抽查情况

目前，用塑料袋作为玩具产品的外包装比较普遍。

2006 年第二季度广东省玩具产品质量定期监督检验发现汕头市澄海区某玩具厂迷你四驱车的包装材料最薄厚度仅为 0.014mm。

2007 年“六一”国际儿童节前北京市质量技术监督局对该市企业生产的玩具产品质量监督抽查。检测发现北京某商贸有限公司生产的小肥猪玩具（未标注规格型号），用于包装玩具的塑料袋实测为 0.036mm，最薄厚度为 0.031mm（按标准规定最薄厚度不应小于 0.036mm）。塑料袋过薄，存在安全隐患。

对各地抽查的统计表明，包装材料不合格占有一定的比例：

地点	时间	性质	抽查批次	不合格批次	不合格率
广东省	2006 年	定期监督检验	43	2	4.6%
深圳市	2006 年	抽查	13	3	23%
北京市	2007 年	毛绒玩具监督抽查	20	2	10%
福建省	2007 年	抽查	16	1	6.2%

四、召回案例

1）召回产品-1：婴儿床

发布时间：2005 年 12 月 21 日

潜在危险：木床上用于支撑床垫的螺钉容易脱落，使床垫下陷而造成窒息的危险。

事件/伤害：已收到14例螺钉脱落的报告和5份脸部、头部擦伤的类似伤害事件。

2）召回产品-2：玩具水枪

发布时间：2007年第8周（西班牙）

产品描述：Color Baby 牌玩具水枪，款式/型号数字：21633，产品批号：8412842216334。

潜在危险：有引发窒息的危险。产品的包装不安全，塑料包装打开后的袋口直径达476mm，塑料袋的厚度小于0.038mm（只有0.036mm±0.001mm）；标签的表述也有缺陷，标签上虽然描述该玩具不适合3岁以下儿童，但是并没有列出具体原因。该产品不符合欧盟玩具指令和相关欧洲标准EN 71-1。

3）召回产品-3：婴儿床床垫

发布时间：2007年8月23日

潜在危险：婴儿床床垫尺寸不合适，形成缝隙，可能引起婴儿陷入造成窒息危险。

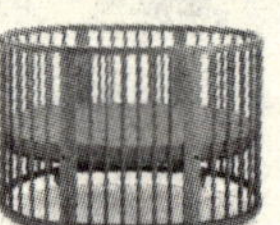

▶提示：婴儿床里的床垫一定要紧贴小床的四周，这样婴儿就不会被床垫和小床的边框夹住了。

4）召回产品-4：儿童塑料密封壶

发布时间：2007年7月19日

潜在危险：儿童可能咬下密封壶的塑料壶嘴而堵住口腔，可能引起窒息危险。

事件/伤害：公司已经收到36份幼儿咀嚼密封壶塑料壶嘴的报

告，其中一名儿童发生窒息伤害，另有3例险些造成窒息伤害，无受伤记录。

5）召回产品-5：软块塔玩具

发布时间：2007年5月2日

数量：约40 000套

产品描述：被召回的玩具是由红、黄、蓝3种不同颜色、不同形状的3个软质织物组成的塔状玩具。它是一种软木城堡玩具的一部分。塔上绘有苹果、消防车、鸭子、香蕉、鸟和蓝莓等图案并覆有一层塑料薄膜。被召回的玩具编号为4635BEE，系列号为012705～063005，生产日期为2005年1月27日～2005年6月30日。

潜在危险：软块塔玩具上的塑料覆盖物可能剥落，易造成儿童窒息。

事件/伤害报告：已经收到137份婴儿将塑料覆盖物放入嘴中咀嚼的报告，其中一部分儿童已经接受治疗，严重的报告包括39名婴儿窒息和49名被塑料覆盖物哽住。

措施：消费者立即摘除软块塔玩具并与供应商联系，免费更换。

五、相关标准

GB 6675—2003《国家玩具安全技术规范》（摘录）

4.1.10　用于包装或玩具中的塑料袋或塑料薄膜

开口周长为360mm或以上，深度和开口周长的总和大于或等于584mm的软塑料袋，平均厚度应大于或等于0.038mm；

用于玩具的无衬里的软塑料袋或面积大于100mm×100mm的软塑料薄膜，应符合以下要求：

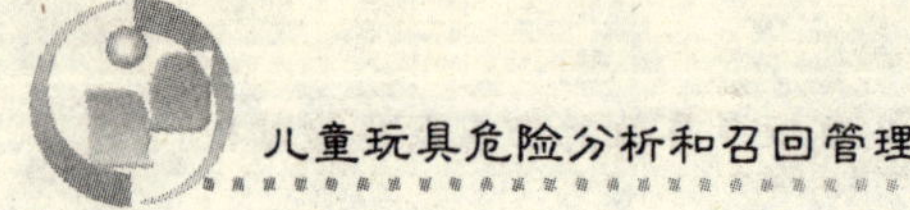

a）平均厚度大于 0.038mm，且最薄厚度不应小于 0.036mm；或

b）应打孔，且在任意最大为 30mm×30mm 的面积上，孔的总面积至少占 1%（孔上无物质残留）。

A.C.2.4 气球

包装上应有类似以下的警告：

“警告！未充气或破裂的气球，可能对 8 岁以下儿童产生窒息危险，需要成人监护下使用，将未充气的气球远离儿童，破裂的气球应立即丢弃。”

GB 14749—2006《婴儿学步车安全要求》（摘录）

1 范围

本标准适用于从能够坐立到能够自己行走的婴儿使用的婴儿学步车（以下简称学步车）的安全要求和测试方法。

4.10 用于包装或学步车上的塑料袋或塑料薄膜

本要求的 a）和 b）不适用于下列情况：

——开口周长小于 360mm 的袋子；

——开口周长大于或等于 360mm，而深度和开口周长的总和小于 584mm 的袋子；

——平均厚度小于 0.038mm 用于包裹玩具的热收缩薄膜，当包装打开时薄膜通常会被破坏。

用于包装的无衬里的软塑料袋或面积大于 100mm×100mm 的软塑料薄膜，应符合以下要求：

a) 按 GB 6675—2003 中 A.5.10(塑料薄膜厚度测试)测试时，平均厚度大于或等于 0.038mm，且所测的最薄厚度不应小于 0.036mm；

b) 应打孔，且在任意最大为 30mm×30mm 的面积上，孔的总面积至少占 1%(孔上无物质残留)；

c) 使用的任何塑料袋和软塑料薄膜上应醒目地标志类似如下内容的警示说明：

“警告：为避免窒息，使塑料覆盖物远离婴儿。”

美国玩具安全标准　F963-07 《标准消费者安全规范：玩具安全》(参考件)(摘录)

4.12　包装薄膜

本要求的目的是最大程度减少由于薄的包装膜引起的窒息危险。用做玩具包装材料或玩具本身的软性塑料薄膜袋和软性塑料薄膜的最小公称厚度必须为 0.00150in(0.03810mm)以上，但实际厚度绝对不能少于 0.00125in(0.03175mm)。作为选择，平均厚度小于 0.00150in(0.03810mm)薄膜，应确保任意 1.18×1.18in(30mm×30mm)的区域都有 1%的面积被打成孔。

厚度的测定必须按试验方法 8.22 进行。本要求不适用于以下情况：

4.12.1　额定厚度小于 0.00150in(0.03810mm)包裹玩具的收缩薄膜，一般当顾客打开包装时薄膜就被破坏。

4.12.2　尺寸小于或等于 3.94in(100mm)的袋子或塑料薄膜。袋子尺寸直接测量。

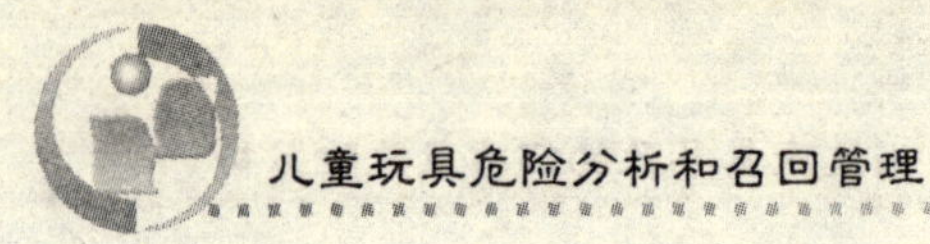

六、防范建议

生产企业要注意玩具本身使用的薄型材料的安全性。对于符合标准规定特征的包装薄膜,必须达到应有的厚度。

对于家长而言,太薄的塑料袋不能放在小孩可以拿到的地方。不要让太小的孩子吹气球。对于独睡的小孩要注意使用床具的平整和安全性。

第二节 勒杀危险

勒杀危险是一种偶然的意外伤害,通常发生在拉扯、跌倒、坠落等特殊状态下。

尤其是形成固定环的绳索危险性极大,儿童在玩耍时若将环套在脖颈处,扯拉时就有窒息的危险。这种危险在儿童接近运动中的物体包括自行车、机动车时显得尤为突出。所以,各国都对在玩具及相关儿童用品中的涉及绳、带的使用进行了规定。

重点关注物品:具有一定长度的绳索,跳绳、拉绳、扣绳等。

一、抽查情况

2007 年一季度玩具产品质量国家监督抽查发现个别毛绒玩具上的绳索形成了固定环,当在绳索上施以 25N±2N 的拉力时,绳索的长度超过了标准规定的固定环周长应小于 360mm 的要求。

二、召回案例

1) 召回产品-1:溜溜球产品

发布时间:2006 年 5 月 12 日(资料来源:欧盟非食品快速预警系统/西班牙)

潜在危险:窒息危险。实验室实验已证实该玩具因其设计存在缺陷。因为末端呈环形的弹性绳可能被拉伸得相当长。该玩具不符合基本安全要求,因为当儿童把溜溜球像套索那样在头部附近摆动时引起勒死危险。

处理措施:停止进口。

2）召回产品-2:儿童车响声玩具

发布时间:2006 年 4 月 22 日(欧盟/爱沙尼亚)

产品描述:“3 个运动的婴孩”。型号 400（在包装上）。

潜在危险:窒息、勒死危险。由于包含能进入小零件检测筒的小零件,使该玩具引起窒息危险。由于用来把玩具固定到婴儿车的绳子在 25N±2N 的力作用下伸展长度超出 750mm,可能引起勒死危险。缺少以下警告:“警告！为防止可能的缠住危险,当儿童开始把玩具放到手和膝盖上时拿走此玩具”。

处理措施:主管部门命令从市场撤销产品。此外,已责成进口商将危险通知消费者。

3）召回产品-3:带帽运动衫

发布时间:2006 年 9 月 20 日

数量:114 000

潜在危险:运动衫使用了穿过帽子的绳带,对儿童存在勒杀危险。1996 年 2 月,美国消费品安全委员会发布指导性意见,夹克衫和运动衫的颈部和腰部不得使用外露的线绳。

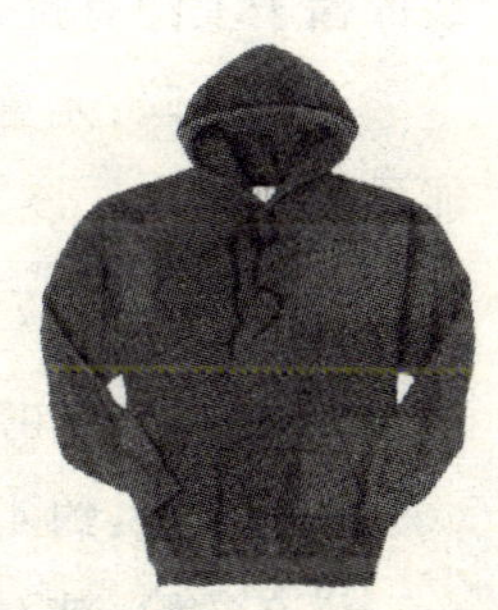

事件和报告:无

措施:消费者自行抽去绳子,消除危险。

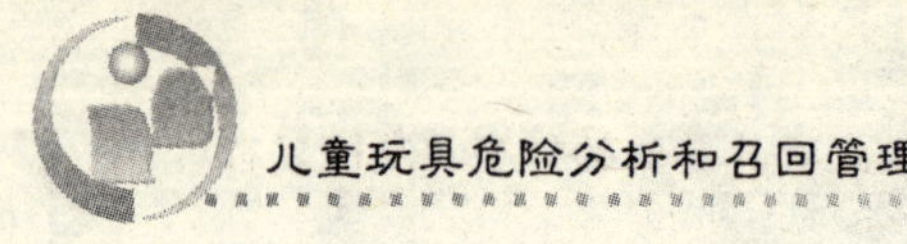

4）召回产品-4:有裙带的童装

发布时间:2007年5月25日(欧盟/芬兰)

产品描述:产品的款式为Style#160310711

潜在危险:由于该童装的裙带长度(约为350mm/条)超过140mm,有致儿童受伤的危险。该童装不符合欧盟的相关标准EN 14682。

5）召回产品-5:带帽童装

发布时间:2007年6月22日(欧盟/匈牙利)

产品描述:规格为2429,尺码为110。

潜在危险:该童装帽子上的弹性绳索及绳端塑料套索钉有致儿童受伤或窒息的危险;且根据欧盟的相关标准,带帽童装不允许使用弹性绳索及其塑料套索钉。该产品不符合欧盟的相关标准EN 14682。

6）召回产品-6:带帽毛绒童装

发布时间:2007年8月10日(欧盟/匈牙利)

产品描述:该童装的款式/型号为F806,规格为2～3号;该童装的帽子上配有拉带且在拉带末端装有塑料套索钉。

潜在危险:儿童在穿着时,如帽子上的拉带被系得过紧,有可能导致其窒息。该童装不符合欧盟的相关标准EN 14682。

7）召回产品-7:女孩套装

发布日期:2007年8月23日

产品数量:约4 700套

潜在危险:被召回的衬衫在腰部有拉带,存在致使儿童受伤或

死亡的危险。

事件和报告：无

措施：消费者应当立即抽去拉带，消除危险。

8）召回产品-8：婴儿床护围

发布时间：2007 年 7 月 24 日

产品数量：约 31 000 只

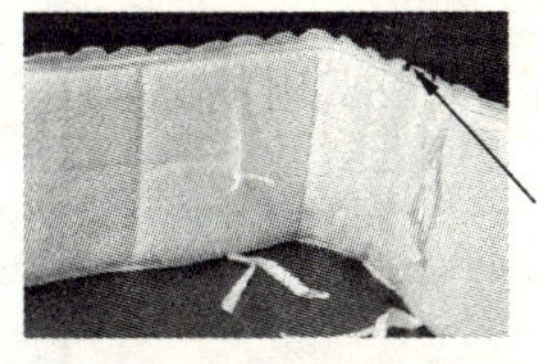

潜在危险：护围的镶边会松动，会对儿童产生缠绕的危险。

（松散的镶边）

三、相关标准

GB 6675—2003《国家玩具安全技术规范》（摘录）

4.1.11　绳索和弹性绳

a）18 个月及以下儿童使用的绳索和弹性绳

玩具上的绳索或弹性绳的厚度应大于或等于 1.5mm。

玩具上的绳索或弹性绳可能会缠绕形成活套或固定环，当施以 25N±2N 的拉力测量绳索或弹性绳时，其长度应小于 220mm。

绳索或弹性绳或多段绳/弹性绳末端的珠状物或者其他附着物可能与玩具的任何一部分相连接而缠绕形成活套或固定的环，当施以 25N±2N 的拉力测量时，活套或固定的环的周长应小于 360mm。

b）18 个月及以下儿童使用的玩具上的自回缩绳

按自回缩绳测量时，自回缩绳驱动机械中可触及绳索的回缩长度不应超过 6.4mm。

c）36 个月及以下儿童使用的拖拉玩具上的绳索或弹性绳

供 36 个月及以下儿童使用的拖拉玩具上的绳索或弹性绳，若施以 25N±2N 拉力后测量其长度大于 220mm，则不可连有可能使其缠绕形成活套或固定环的珠状物或其他附件。

d）玩具袋上的绳索

用不透气材料制成的玩具袋开口周长大于 360mm，则不应采用拉线或以绳作为封口方式。

e）童床或游戏围栏上的悬挂玩具

应附有安装说明和必要的危险警示说明。

f）童床上的健身玩具及类似玩具

应附有安装说明和必要的危险警示说明。

g）飞行玩具的绳索、细绳或线

系在玩具风筝或其他飞行玩具上长度超过 1.8m 的手持绳索、细绳或线，其线电阻率应大于 $10^8\Omega/cm$，且应设警示说明。

GB 14748—2006《儿童推车安全要求》（摘录）

4.4.6.2 位于车辆卧兜或座兜内的细绳、带子和其他狭窄的布条，当施以 25N 的拉力时，其自由长度应小于 220mm。本要求不适合于安全带系统。

四、防范建议

生产企业应当按照标准的规定生产；消费者应当避免选购有

绳带的产品或不要让小孩单独玩耍有绳带的玩具。同时，消费者还应对家中形成套索的用品如窗帘拉绳等进行检查，防止出现意外。

第三节　闷杀危险

在儿童玩具及相关用品中，儿童能够进入的较大尺寸的品种比较少见。典型的如飞机、汽车模型玩具，大型游戏机的操纵室、管状滑道等。此类玩具及用品的内部空间足以容纳一个或多个儿童进入，如果不采取有效的防护措施，其危害后果是严重的。因窒息导致儿童死亡就是极端的状况。

综合广州日报等有关媒体报道：

2007 年 5 月 29 日，安徽省肥东县某幼儿园一名 3 岁幼儿被滞留校车内 6h，在当日合肥市接近 30℃的高温下，没有任何自救能力的孩子最终昏迷死亡。

8 月 8 日，山东济南某双语幼儿园一名 5 岁儿童被接送孩子的两位老师及司机遗弃在封闭的班车上达 9h，最后被活活困死车中。

8 月 29 日，广州一名年仅 1 岁 8 个月幼儿被某幼儿园校车接走由于接送老师疏忽没有清点人数，导致幼童被遗忘在全封闭的校车中长达 6h，最终在 37℃左右的高温天气中，因年幼无法求助被活活闷死在车中。

以上悲剧虽然与儿童玩具并没有直接的关系，但是却可以直接证明儿童区别于成人的显著特征，即无自救意识和自救能力。需要成人更加仔细的关爱。

就玩具产品而言，国外已经实施的产品召回还涉及到盛放玩具的玩具箱。

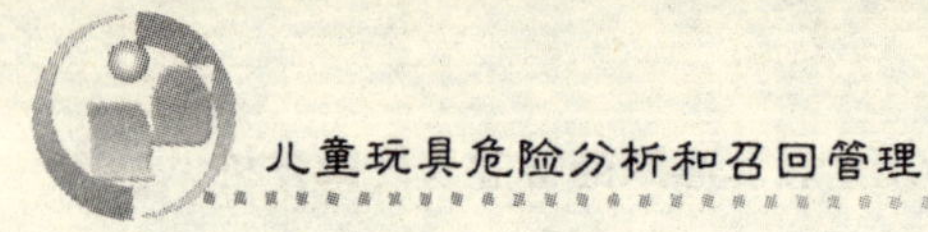

一、召回案例

1）召回产品-1：玩具箱1

发布时间：2005年6月29日

产品数量：约5 800只

潜在危险：玩具箱盖的支撑装置不能可靠地支撑箱盖处于开启状态，会突然落下，造成儿童头部、手指和手的撞伤及闷死幼儿的危险。

事件/伤害：无

2）召回产品-2：玩具箱2

发布时间：2005年8月19日

产品数量：约3 300只

潜在危险：玩具箱盖的支撑装置可能失效，引起盖子突然的落下。造成对儿童压伤的危险，还可能对儿童的头、脖子、手指或手造成撞伤。

事件/伤害：已收到2份盖子落下的报告，没有伤害的报告。还收到11份要求更换盖子支撑装置的报告。

二、相关标准

GB 6675—2003《国家玩具安全技术规范》(摘录)

4.1.16 封闭式玩具

a）封闭式玩具应有良好通风装置，以保证无窒息的潜在危险。

b）封闭式玩具的盖、门及类似装置不应配有自动锁定装置；进行相关测试时，打开关闭件的力不应大于 45N。且不应在盖、罩和门上使用纽扣、拉链及其他类似的坚固装置。

c）玩具箱及类似玩具的盖的支撑装置：

——具有垂直开启的铰链盖的玩具箱及类似玩具应有盖的支撑装置，在进行 7000 个开关周期的玩具箱盖的耐久性的测试前后，在距充分闭合处 50mm 至距充分闭合处不超过 60°的弧形行程中的任何一个位置上，盖在其自重作用下落下的行程不应大于 12mm（最后 50mm 的行程除外）；

——箱盖及其支撑装置应符合 4.1.12 的要求；

——玩具箱盖的支撑装置应附有如何正确安装和维护的说明；

盖的支撑装置应不需要使用者调节就能保证盖完全支撑；玩具箱盖经耐久性测试后，不需要使用者调节仍应符合相应要求。

封闭头部的玩具：由气密性材料制成的封闭头部的玩具最少应设单个开口面积至少为 $650mm^2$ 且相距至少为 150mm 的两个通风开口；或者设有一个将两个 $650mm^2$ 开口及之间间隔区扩展为一体的有等效面积的通风开口。

三、防范建议

封闭式玩具的危险性不容忽视。生产企业应当按照标准规范设计、制造相关产品，防止出现“闷杀”的后果。家长们要对在用的较大体积的相关玩具进行检查、维护，对较小年龄的儿童不要让其单独玩要以保证即使在儿童被困的非常情况下也有获救的时间和空间。细心的家长当然也会因此而注意冰箱、衣柜等的使用状况，全面保护幼儿的安全。

第四节　与小零件有关的潜在的噎塞和窒息危险

小零件危险的产生是和儿童的天性相关联的。

对于幼儿而言，这种天性表现就是“一切可以抓到的都是食品”！

什么都要吃的后果可想而知。

小零件的产生有以下几种情况值得关注：

a）玩具本身包含有小尺寸的单独的零件，如小球、木块等；

b）玩具组装的小零件强度不足，在儿童的拉扯作用或长期使用中松动脱落，如玩具的鼻子、眼睛，算盘的珠子等；

c）玩具内部填充物体积较小，在使用中外漏；

d）玩具虽然是一个整体，但在使用中因摔打破裂生产小块物质。

一、易导致伤害的重点物品

尺寸小到足以进入儿童口腔的玩具部件。致命的玩具部件包括布绒玩具上的眼睛、鼻子、塑料纽扣、钥匙圈、硬性小饰件等。

对于3岁以下儿童使用的玩具，不应含有小零件，并且在合理滥用试验后不应产生小零件。

对于3岁以上儿童使用的玩具如果存在小零件，则应设警告说明，警告消费者该玩具不适用于3岁以下儿童。

二、伤害案例

浙江曹女士在一个卖玩具娃娃的流动商贩处购得一只眼睛会动的金色毛绒“娃娃”。回家后，曹女士因忙于做饭，就把玩具交给女儿在客厅的沙发上自己玩。可是时间不长，她便听到孩子的哭声，她急忙跑到客厅，看到女儿正手捂着肚子趴在沙发上哭，玩具娃娃掉到了地上。当她拾起玩具时，突然发现“娃娃”的一只眼睛不见了，孩子是将玩具眼睛当成了糖果吃到了肚子里。

三、抽查情况

2007年第一季度玩具产品质量国家监督抽查仍然存在个别积木玩具小零件不合格。

四、召回案例

1）召回产品-1：Lego公司召回首款Lego Lucy瓢虫形咀嚼器[1]

产品描述

该产品是一种专为0～24个月婴儿设计的会发声的咀嚼器。零售价为4英镑。

潜在危险

咀嚼器的两端为圆球状，在某些情况下一端会塞入婴儿的口中，另一端可能会堵住咽喉，从而引起窒息。

问题报告

从1997年3月起，这种产品大约在70个国家进行了销售，1998年，荷兰和德国有顾客通知Lego公司，6～7个月的婴儿可能会将该产品塞入口中。Lego公司立即将所报告的问题通知了丹麦总部。

召回的决定

对报告的问题进行调查和召回的决定都是由位于丹麦的总公

1　摘自英《消费品召回手册——实用指南》。

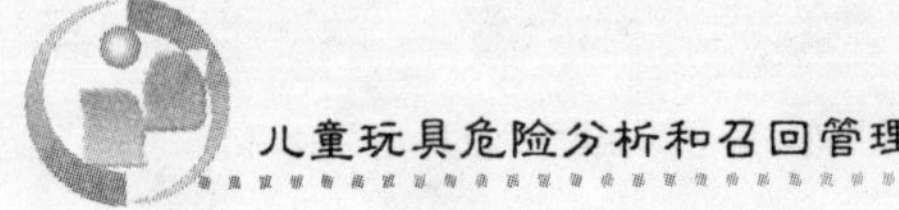

司作出的。他们很快发现，尽管完全遵循了此类玩具的标准和规定，这种玩具仍可能引起儿童窒息。基于其对低龄儿童带来的高风险，他们做出了召回的决定。大约有60万件咀嚼器分销于全球各地。在英国零售商持有的或顾客已购买的数量大约为5万件。

Lego公司与咀嚼器销售国的总部联系，要求他们从顾客手中召回咀嚼器。Lego公司仓库中的剩余咀嚼器不再进入供应链。1998年5月22日，Lego英国公司向新闻社和英国各大媒体发布了新闻稿，清晰地阐明了问题所在和Lego公司此举的意图。Lego公司的顾客热线服务人员也获知了这个问题，并在那个周末以其他方式进行了公布。Lego顾客热线的服务人员负责处理由于看到召回公告而打来的电话。

当地的贸易标准官员也密切关注Lego出现的问题，并且Lego公司将召回的每一步进展都通告了他们。在召回过程中，贸易标准官员也对Lego公司提供了支持和建议。

召回公告的内容

公司的召回公告向顾客清晰提供了以下信息：

a) 产品鉴定（产品描述、名称、参照、鉴定特点、图片），并再次确认了与之无关的类似产品。

b) 出现了什么问题（咀嚼器可能会塞到婴儿的口中）。

c) 危害和风险（使婴儿窒息）。

d) 要求顾客与朋友或家人联系传达该信息。

e) 顾客应当做什么（停止使用咀嚼器，退回产品并得到退款或其他产品）。

f) 致歉。

g) 免费热线号码和详细联系方式。

召回信息的传达

Lego 公司的发言人在 BBC 和 Sky 中进行新闻采访。

与他们的贸易商联系，要求他们立即停止销售咀嚼器并尽快将咀嚼器返回到 Lego 英国公司。

在全国性报纸上发布召回公告的复印件分别寄给了在各销售点和橱窗陈列产品的零售商。

5 月 27 日在全国性的日报和小型新闻报上也发布了召回公告。

在公告的内容和发布方式方面，负责处理公告的公关公司根据由信息部门发布的其他召回公告示例，向 Lego 公司提出了建议。印刷的公告为一张纸的四分之一或八分之一大小。

在发布召回公告的随后几个月内，又在相关母婴杂志进行公告。

顾客必须做什么

要求顾客将产品退回公司。并说明他们为产品支付了多少，公司将退回全部价款，并且退货邮资也不需顾客支付。顾客也可以通过免费热线得到建议，告知他们可以将产品退回给零售商并取得退款，或者可以要求得到其他物品而不是货款。但是，需要强调的是要尽可能将产品退回。

监控召回的实施

在接下来的四个月中咀嚼器逐渐退回给了公司。在英国，大约有 10000 件退了回来，其中约有 7000 件是由顾客退回的。这占到估计总数的 20%。在召回计划的风险分析阶段，曾调查过一些已知用户关于咀嚼器的习惯。调查表明咀嚼器的使用期限非常有限，因为这种玩具不会传给其他婴儿使用，并且当孩子走出婴儿期

后，通常会将其丢弃掉。因此可以相信，有许多咀嚼器，特别是在上市的第一个月销售的产品，已经被婴儿的父母丢弃了，因而已经不再有危害。从开始召回的最初几个月开始，没有报告进一步的事故，因此不必重复进行召回。

有关重新发布产品的决定

Lego 公司决定将产品从市场撤回，同时没有用类似的产品来取代这种产品。

实施召回后的评核

这是 Lego 公司首次在英国进行召回。虽然准备了一些召回应变计划，但是在实际中没有使用。他们对召回进行了评核，并将所吸取的教训纳入下一步可能进行的召回计划中。此次召回也使 Lego 公司意识到在咀嚼器的设计阶段要时刻注意当时的安全规定和标准中所出现的变化。

召回的费用有多高

Lego 公司在全球实施召回共花费了 3 500 000 英镑。

召回的启示

良好的内部沟通渠道可以使丹麦总公司快速处理顾客的安全性问题；

在引发召回行为之前，在英国并没有发生潜在影响顾客的危险事故；

Lego 公司在英国与零售商保持了良好的沟通，这样可以使很多零售商迅速将在架的未售产品撤回；

Lego 公司掌握了有关供应到英国市场的产品数量的准备信息，以及有关顾客使用和丢弃产品的方式的信息。因此他们可以确定英国的儿童面临的风险有多大；

即使作为跨国公司，在召回过程中也需要得到贸易标准官员的支持和建议；

在召回开始阶段，向媒体投放有效的公关消息时，要在电视和主要新闻公告栏中进行。这样新闻公告的观众很快就会看到。随后在相关杂志上刊出召回信息确保了拥有咀嚼器的家庭再次看到的可能性；

使用代理机构设计召回公告，意味着可以借鉴先前的公告案例中的召回先例；

报纸中的召回公告版面很大，并且有一个咀嚼器及其包装盒的特写图片。这样消费者非常容易辨认出他们是否也有这种咀嚼器；

内部热线服务人员的工作也非常有效，因为他们受到了 Lego 公司关于顾客联系和顾客支持方面的培训；

为了方便顾客退回产品，公司考虑并实施了每一个细节。可以选择将产品退回零售商或以预付邮资的方式寄回公司。退回全部货款，可按照要求提供其他产品。联系电话为免费电话；

发给零售商的公告也出现在显著位置；

此次召回被媒体称为是改变玩具设计标准的证据，从而可以改进未来的产品设计。

2) 召回产品-2：婴儿套件

发布时间：2006 年 5 月 19 日(欧盟/荷兰)

产品描述：由一个围兜、一个瓶子、2 个瓶刷、一个奶嘴和一个响声玩具组成。

潜在危险：窒息危险。响声玩具有窒息危险是由于当响声玩具跌落时可能掉下小零件。在跌落实验时发现包含小发声零件(小球)的塑料球的接缝容易裂开。这些小零件通过了小零件检测筒，已有一起消费者投诉。

处理措施：自动从消费者处召回产品。主管部门命令禁止销售。

3）召回产品-3：玩具“军用枪”

发布时间：2006 年 4 月 27 日（欧盟/西班牙）

产品描述：带子弹（带 5 发有吸盘子弹的步枪及靶子）

潜在危险：窒息危险。由于子弹比标准规定的小（小于 57mm），可能对儿童产生窒息危险，因为如果子弹插入儿童的嘴中阻塞气管，由于子弹尺寸太小很难迅速取出。此外该玩具没有标准要求的关于子弹的警告。该玩具不符合玩具指令和相关欧盟标准。

处理措施：主管部门命令从市场撤销产品。

4）召回产品-4：奶嘴形状的发光哨

发布时间：2006 年 4 月 27 日（欧盟/英国）

潜在危险：窒息危险。从玩具上脱落的小零件能进入小零件检测筒。涉及用嘴触动的玩具的规定适用于任何年龄的儿童。该产品不符合玩具指令和相关欧盟标准。

处理措施：自动停止销售。

5）召回产品-5：发光奶瓶

发布时间：2006 年 4 月 27 日（欧盟/英国）

产品描述：标签包含图示年龄限制警告 0～6 岁和“警告—窒息危险—小零件。不适合 6 岁以下儿童”。“供 6 岁以上儿童使用”。

潜在危险：窒息危险。从玩具上脱落的小零件能进入小零件检测筒。涉及用嘴触动的玩具的规定适用于任何年龄的儿童。该玩具不符合玩具指令和相关欧盟标准。

处理措施：自动停止销售。

6）召回产品-6：发光多彩护齿玩具

发布时间：2006年4月27日（欧盟/英国）

产品描述：产品有以下文字“警告—窒息危险—小零件。不适合12岁以下儿童”。“供12岁以上儿童使用”。

潜在危险：窒息危险。从用嘴触动的玩具上脱落的零件太小能进入“小零件检测筒”。脱落的零件形成潜在的窒息危险。涉及用嘴触动的玩具的规定适用于任何年龄的儿童。该产品不符合玩具指令和相关欧盟标准。

处理措施：由供应商自动从市场撤销产品。

7）召回产品-7：玩具木琴

发布日期：2001年7月19日（香港海关）

产品描述：该款玩具包括有木琴及一支木槌配件。

潜在危险：由于该玩具木琴所包含的木槌在测试时能通过所指定“手摇玩具测试装置”的槽口，以及能完全进入及穿过另一指定“手摇玩具补充测试装置”的中通口，会对3岁以下的儿童构成哽塞的危险，因此该玩具被评定为有高度危险性可引致儿童严重受伤。

措施：退回产品。

8）召回产品-8：木制玩具

发布时间：2005年11月22日

潜在危险：玩具中包含小零件，会造成窒息的危险。

事件/伤害：无

说明：以上案例召回的原

因基本归于玩具本身尺寸不符合有关规定(通常是小于规定尺寸),从而造成与小零件有关的窒息危险。

9) 召回产品-9:儿童图书

发布时间:2005年12月15日

潜在危险:如果封面上的塑料容器从封面的背面移动或打破,儿童可以接触到里面的珠子。造成窒息的危险。

事件/伤害:已收到一份儿童接触到塑料容器中珠子的报告。还没有伤害事故的报告。

10) 召回产品-10:SNUTTIG毛公仔(玩具熊)

发布时间:2002年9月17日(香港)

产品特征:生产编号17596

潜在危险:由于毛公仔的缝口有漏出内部小胶珠的可能,儿童若不小心将胶珠吸入肺部,会影响肺功能,造成伤害。

事件/伤害:无报告。

措施:在规定时间内到公司分店,可退货或者换货;规定时间后只能退款。

11) 召回产品-11:儿童椅

发布时间:2004年10月15日(香港)

产品特征:编号400.548.40。供3岁或以上儿童使用,但年龄较小的儿童亦有可能会接触甚至使用该产品。

潜在危险:例行检验中,发现部分该

款儿童椅的红色椅脚胶套并未能完全稳固在椅脚上，该问题已经再三测试核实。若儿童不小心把胶套放进口里，即有卡喉的危险。

事件/伤害：无报告。

措施：回收退款。

12）召回产品-12：玩具兔

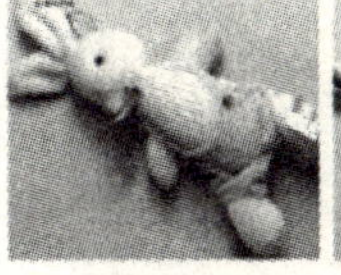

发布时间：2005 年 3 月 2 日

数量：约 18 500 只

潜在危险：眼睛及装饰的纽扣可以从玩具上脱落，造成窒息的危险。

事件/伤害：无

13）召回产品-13：出牙器

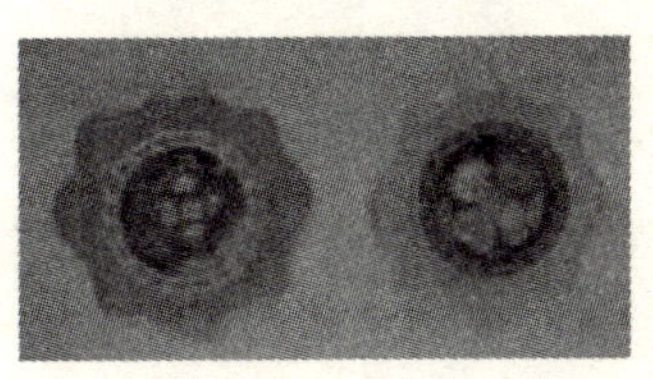

发布时间：2005 年 6 月 23 日

数量：约 1 500

潜在危险：在出牙器中间部分的塑料旋转器可以分离，引起小珠子脱落，造成窒息的危险。

事件/伤害：已收到一份出牙器中间部分的塑料旋转器脱落产生两个小珠子的报告，没有伤害报告。

14）召回产品-14：婴儿奶嘴

发布时间：2006 年 5 月 25 日

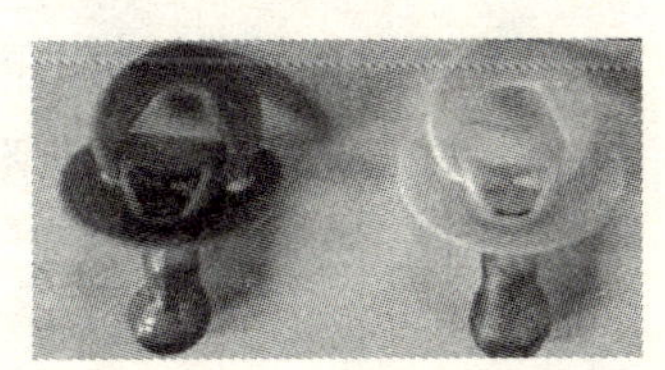

数量：约 7 200 只

潜在危害：奶嘴部分能够很容易被拉脱，会对婴儿造成窒息的危险。

事件/伤害报告：无

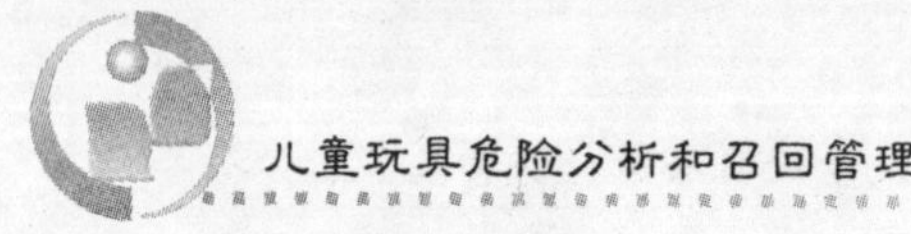

15）召回产品-15:智能积木和发声玩具车

发布时间：2006 年 7 月 5 日

数量:约 92 300

潜在危害:玩具上的塑料车轮可能会被拉脱,引起窒息的危险。

事件/伤害报告:已经接到了 11 份有关从这些玩具中将车轮拉脱的报告,没有伤害记录。

销售情况：从 2005 年 3 月～ 2006 年 5 月。

措施：消费者应该停止使用并联络供应商。

16）召回产品-16:四轮车

发布时间:2005 年 7 月 26 日

潜在危险:位于后车轮与“四轮车”之间的发音器顶端,随着车轮的移动可以发出滴答的声音,发音器可能脱落造成窒息或呼吸困难的危险。

事件/伤害:已收到 11 份发音器顶端脱落的报告,没有伤害的报告。

17）召回产品-17:玩具车

发布时间：2005 年 11 月 22 日

数量:约 1 900 件

潜在危险:在玩具中的小人模型会掉下来,造成窒息的危险。

事件/伤害：无

18）召回产品-18：木制的儿童学习器

发布时间：2005 年 12 月 14 日

数量：约 12 000

危害：玩具顶角的木栓容易松掉，小部件脱落对儿童造成窒息的危险。

事件/伤害：已收到三份事故报告包括二份儿童吞下玩具的小部件的报告。在其中的一个事件中，一个 18 个月的女孩吞下了脱落的小部件被卡住被送入急救室。第二个事件中，一个儿童把二个木栓塞入了口中引起窒息。第三个事故中，一个消费者报告说玩具上的木栓已经突出，没有伤害发生。

19）召回产品-19：玩具吉他

发布时间：2006 年 6 月 29 日

数量：约 500

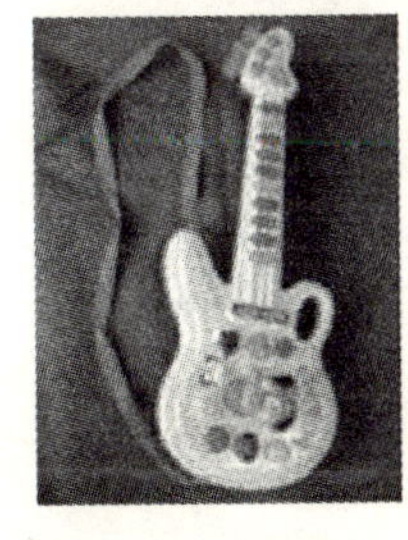

潜在危害：玩具吉他可能脱落小零件，引起窒息的危险。

事件/伤害报告：无

➤ 说明：以上属于玩具中小部件容易脱落而导致的产品召回事件。

20）召回产品-20：木制推动玩具

发布时间：2005 年 5 月 12 日

数量：约 7 000

产品描述：拖车前后都有磁铁可以将推车玩具连在一起，所有玩具的车轮上都有橡胶环，适用于 12 个月以上的幼儿玩耍。上面

没有任何字样。

潜在危险：玩具会破裂产生小零件造成窒息的危险。

事件/伤害：无

21）召回产品-21：可发光的奶嘴，新款电子琴和玩具火车

发布时间：2005 年 4 月 20 日

数量：约 5 000

危害：这些奶嘴和玩具可以很容易打破，产生小零件，对孩子造成窒息的危险。

事件/伤害：无

22）召回产品-22："卡车"出牙嚼器

发布时间：2007 年 8 月 23 日

数量：35 000 件

产品描述："卡车"布制出牙嚼器正面为蓝色背景，有黄色自动倾斜卡车图案。出牙嚼器顶端有黄色摇铃，摇铃的左右上角各有一个橙黄色或绿色出牙嚼器。该出牙嚼器自 2006 年 1 月～2007 年 6 月在全美 Barnes & Noble 及其他书店和零售店销售，单价为 7 美元/件。

潜在危险：出牙嚼器上的小片易被折断，若被儿童误食，可能造成窒息危险。

事件/伤害：已收到 2 起出牙嚼器上的小片被儿童咬掉的报告，但尚未造成人身伤害。

措施：建议消费者立即将被召回商品远离儿童，并与供应商联系退货及免费更换其他商品。

23）召回产品-23：产品名称：婴儿凉鞋

发布时间：2005 年 8 月 12 日

数量:5 600 双

潜在危险:凉鞋上的塑料花可以被拉脱或被咬掉,造成儿童窒息的危险。

事件/伤害:已收到 4 份塑料花从凉鞋上脱落的报告。一份报告称孩子将塑料花从凉鞋上拉掉并放入嘴里已出现窒息的情况,另一份报告称孩子将塑料花从凉鞋上咬掉。

24) 召回产品-24:塑料口哨

发布时间:2005 年 12 月 8 日

数量:约 144 000 只

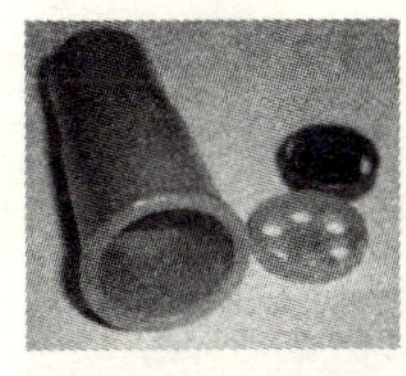

潜在危险:被回收塑料口哨中的小部件能从玩具中脱落,造成窒息的危险。

事件/伤害:已收到 4 份小部件使儿童产生窒息和 3 份被儿童吞咽的报告。

25) 召回产品-25:玩具手机

发布时间:2006 年 2 月 28 日

数量:约 50 500 只

潜在危险:玩具手机的黄色天线会脱落,造成儿童窒息的危险。

事件/伤害报告:收到 1 份天线脱落的报告。

26) 召回产品-26:蜗牛玩具

发布时间:2006 年 3 月 8 日

数量:约 200 000 只

危险：蜗牛玩具包含一只小铃铛，它可能脱落。若被幼儿吞咽可能造成窒息。

产品销售时间：2005 年 9 月至 2006 年 1 月

事件/损害：无

措施：购买了这个玩具的消费者应该很快地将其从孩子身边拿开并且联系销售商免费更换一个替代品。

27）召回产品-27：儿童玩耍的玩具钳

发布时间：2006 年 3 月 28 日

数量：约 25 000 只

潜在危险：玩具钳侧面可滑动黄色钮可能脱落，造成窒息的危险。

事件/伤害报告：已收到三份滑动的黄色钮脱落的报告，其中两例已发现儿童放入口中。没有伤害报告。

28）召回产品-28：可发声的玩具车

发布时间：2006 年 3 月 30 日

数量：约 3 500 只

潜在危险：罩在塑料车轮的轮罩可能脱落，造成儿童窒息的危险。

事件/伤害报告：已收到一份儿童在玩具中将轮罩从轮子上分离的报告，没有伤害报告。

29）召回产品-29：小孩穿的鞋

发布时间：2007 年 5 月 2 日

数量：690 000 双

潜在危险：把鞋带系到鞋子上的塑料铆钉会脱落，会对儿童产生窒息危险。

事件/伤害报告：确认收到一份报告一个小孩将掉下的铆钉吃进嘴里。

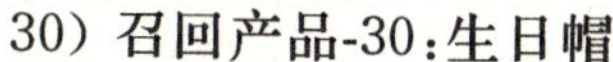

30）召回产品-30：生日帽

发布时间：2007 年 6 月 7 日

数量：约 43 100 顶

产品描述：此次被召回的生日帽为高 6.5in、宽 4.5in 的圆锥形状，通体为蓝色纸质，前印有 1st 字样，底部粘有箔边。

潜在危险：该生日帽底部所粘箔边容易脱落，儿童误食易导致窒息。目前尚无伤亡报告。

措施：建议消费者立即丢弃此类产品，并获得全额退款。

31）召回产品-31：毛绒玩具鸭子

发布时间：2007 年 6 月 29 日（欧盟/斯洛文尼亚）

潜在危险：在检测实验中，该玩具上的吸盘仅用 35N 的力即可与主体分离，且正好塞住实验用的小部件气缸，一旦儿童吞食，有致其窒息的危险。该产品不符合欧盟的玩具指令及欧盟的相关标准 EN 71-1。

措施：撤出市场。

32）召回产品-32：儿童玩具城堡

发布时间：2007 年 7 月 3 日

数量：约 68 000 只

产品描述:此次被召回的儿童玩具城堡通体为塑料构架,由计算珠子、4 个游戏数字和几个不同形状的字母构成,字母可以塞进城堡左侧的洞中。此次召回的产品涉及的生产日期及型号仅包括 5349、6087、6132 和 0906。其他型号的、无型号的以及塑料杆是由金属螺丝固定的产品不在召回之列。生产日期及型号粘贴在蓝色顶端的底部。该产品从 2006 年 1 月~2007 年 5 月在全美销售,单价为 12 美元/件。

潜在危险:玩具上的塑料棒支架易松动,导致上面的彩色计算珠子滑落,如被儿童吞食有致其窒息的危险。公司已收到 4 起因儿童吞食滑落彩珠几乎导致窒息的报告。

措施:不要让儿童接触该商品,并联系供应商免费更换其他安全产品。

33) 召回产品-33:婴儿橡皮奶嘴(三款)

发布时间:2007 年 7 月 26 日

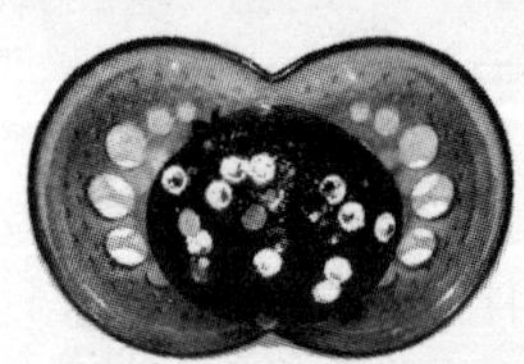

数量:约 1 000 只

潜在危险:吮吸橡皮不符合联邦安全标准,上面的水晶饰品会很容易的掉下来,被幼儿吸入。

34) 召回产品-34:长毛绒填充玩具马靠垫和童话娃娃

发布日期:2007 年 8 月 3 日

数量:玩具马的数量约为 220 个,童话娃娃的数量约为1 300个。

潜在危险:填充玩具马的塑料纽扣眼睛和童话娃娃的大鼻子容易揪下,若被儿童误食,有窒息的危险。

说明：以上的召回案例大多数属于玩具制造强度/牢度不够，自身破裂或松散造成小部件危险。

35）召回产品-35：小房子

发布时间：2007 年 5 月 3 日

数量：约 8 800 只

潜在危险：用于联结组合房子的小磁铁会脱落。一旦被儿童发现，就会吞咽或吸入。如果有两个以上的磁块吸入体内，就会因相互作用而引起肠道穿孔或梗塞，这将是致命的。

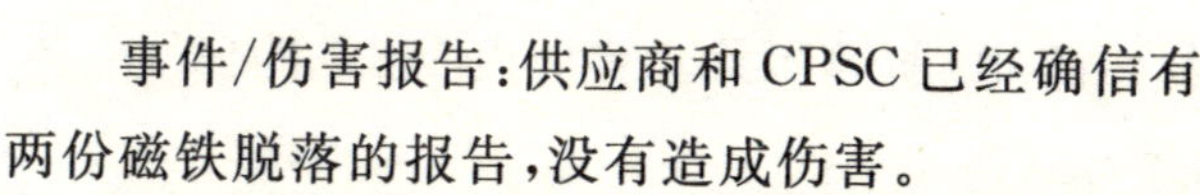

事件/伤害报告：供应商和 CPSC 已经确信有两份磁铁脱落的报告，没有造成伤害。

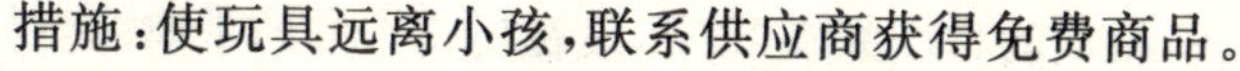

措施：使玩具远离小孩，联系供应商获得免费商品。

36）召回产品-36：磁性建筑套装玩具

发布时间：2007 年 7 月 5 日

数量：约 800 套

潜在危险：塑料棒上的小磁铁可能脱落，儿童可能会吞食或者吸入这些脱落的小磁铁，如果吞食一个以上的小磁铁，这些磁铁可能互相吸附导致肠穿孔或者堵塞，这些危险可能致命。

事件/伤害报告：已经收到一份一名 8 岁女童因吞食脱落的小磁铁而住院，随后的手术要取出小磁铁以及治疗肠穿孔造成的伤害。

37）召回产品-37：小狗玩具系列

发布时间：2007 年 8 月 14 日

数量：约 1 000 000

潜在危险:玩具上的小磁铁可能脱落。

事件/伤害报告:已经收到 2 份关于小磁铁脱落的报告,没有伤害记录。

38) 召回产品-38:传令兵

发布日期:2007 年 8 月 14 日

数量:345 000

潜在危险:在玩具里面的小的具有较强磁性的附件会脱落。

39) 召回产品-39:Polly 袖珍玩具套装及其带磁铁的附件

发布日期:2007 年 8 月 14 日

产品描述:磁铁的直径为 0.125in,装在玩具娃娃的手脚、塑料衣服里和假发中,其作用是将玩具的各部件吸附到娃娃或者娃娃的房间上。

潜在危险:娃娃及其附件中的小磁铁易松动脱落。

▶ 说明:在已经发生的召回案例中,玩具上使用的磁铁脱落是一种特殊情况。儿童可能会吞食或者吸入这些脱落的小磁铁,如果吞食一个以上的小磁铁,这些磁铁可能互相吸附导致肠穿孔或者堵塞,这些危险可能致命。

五、相关标准

GB 6675—2003《国家玩具安全技术规范》(摘录)

4.1.4 小零件

36 个月以下儿童使用的玩具及其可拆卸的部件或经可预见的合理滥用测试后脱落的部件,不应完全容入小零件试验器;

37个月～72个月儿童使用的玩具及其可拆卸的部件如能容入小零件试验器，应设警示说明。

4.1.18.2　蓄能弹射玩具

a）……

3）对存在不适当使用的潜在危险应设警示说明；

d）所有弹射物均不应完全容入小零件试验器。本要求全年龄组适用。

美国玩具安全标准 ASTM F963-97

《标准消费者安全规范：玩具安全》（摘录）

3　术语

3.1.33　危险磁铁——磁通量指数大于50（按第8.25方法测试）和任何下列形状和尺寸（如图3）的磁铁

（1）长度小于32mm，直径小于11mm的柱体；

（2）直径小于26mm，厚度小于5mm的圆盘；

（3）直径小于22mm的球体；或

（4）任何可以被以上尺寸的体积所包容的固体（形状）。

3.1.34　危险磁铁部件——包含有吸附或嵌入符合3.1.33描述的尺寸以及按8.25方法测量磁通量指数大于50的磁铁的玩具任何部分。

4　安全要求

4.39　磁铁——本要求被用来防止3岁～8岁的儿童产生危险磁铁摄入危险。本要求不适用于电动机、继电器、喇叭、电器元件和类似装置的磁铁，这些情况下，磁性能不是玩具设计的组成部分。

4.39.1 包含有允许活动的危险磁铁或危险磁铁组件的玩具需要按5.17的要求加施安全警示标签。

4.39.2 玩具在经过8.5到8.10的试验(编著注:非正常使用试验)后不会释放危险磁铁或危险磁铁部件。

5 标签要求

5.17 磁铁——含有松散的危险磁铁或危险磁铁部件,在玩具说明书中标称供3~8岁儿童使用的玩具的包装,应当依照5.3的规定附有安全标签。标签由下列部分组成:信号词"警告",和至少如以下文字的内容:本产品包含有小磁铁。吞下多个磁铁会在肠道内相互吸粘,导致严重的感染和死亡。注意如吞下或吸入磁铁时立即就医。

六、防范建议

小零件或部件的危害性在国内被人们重视和认识是从把果冻当成儿童的"杀手"开始的。事实上,几乎任何一个外科医院都会有从儿童体内取出异物的经历,除一些日常生活用品外大部分是玩具上脱落的小配件,有铃铛、珠子,还有就是玩具损坏后生产的小碎片等。这些小配件被孩子吞下去后,轻则直接进入胃肠,会把胃壁戳穿、穿孔;重则卡在气管,造成窒息死亡。

因此,为3岁以下儿童购买玩具要注意玩具适用年龄的警告图标,留意标签所示的合适使用年龄建议。不要选购"只适合3岁以上儿童"的玩具给3岁以下儿童玩;购买和使用毛绒玩具时,对上面的小部件一定要反复检查,发现松动,及时加固;注意检查在使用中玩具的破损和小零件松动情况,防止出现小零件误入口中造成噎塞和窒息危险;避免让儿童接触小球等细小的玩具和附有细小而可分拆组件的玩具，以防儿童吞下或吸入鼻孔，引致窒息死亡；避免让儿童接触磁石玩具，如吞下多于一块磁石，可能会导致肠脏扭曲，堵塞致死；由于未吹气或已破气球的碎片可引致 8 岁以下儿童窒息，因此应避免儿童接触未吹气或已破气球的碎片，同时，已破气球的碎片应即时抛掉。

第二章

机械伤害Ⅱ——其他危险

除引起窒息的几种机械伤害外，以下机械危险是多发的有时也会是致命的，应当引起人们的注意。

割伤：玩具边缘过薄，容易割伤儿童皮肤。

刺伤：玩具外露部分的锐棱、尖角、凸出部分和开口引起的刺伤或扎伤。如焊点、电子部件的尖点、金属丝端点以及木制玩具的毛刺等，都是导致刺伤的隐患。

跌伤：多发生在骑玩具车或童车时。如外形不合适引起的稳定丧失；童车安全带强度不合格；童车足尖间隙过小，易使儿童跌倒；车闸和把的尺寸过大，儿童手掌小，容易握不紧，制动性能差，也容易发生跌伤。

夹伤：挤压危害的一种，当玩具中活动部件中可触及的间隙能让儿童手指或身体的其他部位插入时，就会出现夹伤的危险。

剪切、切割或切断危害：具有锐利外形和相对运动条件下的两个部件之间可能出现的伤害，与挤压类似的伤害。

弹射和能量爆发伤害：典型如用弹射玩具将弹射物击中眼睛或头部，即可造成眼外伤和头面击伤。

第一节　割伤和刺伤

割伤和刺伤主要是由于玩具外形不符合安全规范对使用者造成的伤害，典型表现为：边缘有毛边、毛刺。这种外形的安全隐患有些来自于产品设计加工中的缺陷，有些是产品强度问题在玩具使用中破碎、解体导致出现锐边锐尖。

一、伤害案例

1）恐龙又尖又硬的尾巴戳伤下巴

某日下午，一4岁儿童在家玩耍时突然摔倒，被手中的玩具恐龙又尖又硬的尾巴戳伤下巴，流血不止，其被紧急送往海慈医院急诊室救治。经检查，伤口深达0.5cm，缝了10针才将伤口合上。（摘自半岛网）

2）货车模型划伤脸

某日，李女士4岁的女儿在玩耍从夜市买来的塑料小货车模型时，车身上尖利的铁皮毛边不慎将女儿的脸划了一个4cm长的口子。（摘自大连网）

3）2000年12月4日，河北省行唐县，左某在一家烟酒副食商店给11岁的儿子购买了两袋某品牌的酸奶，产品随赠两个猫头玩具、四个塑料飞轮。中午，左某之子在玩耍猫头玩具时，玩具飞轮飞出刺伤右眼，经鉴定达七级伤残。

二、抽查情况

危险毛边是指玩具塑料件或铁制件的边缘有容易划伤儿童皮肤的毛刺。国家标准中规定供96个月及以下儿童使用的塑料玩具的可触及边缘不应有毛边或应加以保护使之不可触及。

北京市质量技术监督局2006年对该市企业生产的玩具进行了产品质量监督抽查。在检测中发现北京某商贸有限公司生产的小号规格的小长臂猴边缘有毛边，易造成儿童在玩耍过程中划伤皮肤，存在潜在伤害。该产品同时存在小零件强度差、产品完整性、外观不符合标准要求等质量问题。

国家质检总局2006年对玩具产品进行的国家监督抽查发现超过25%的产品“不合格”。主要问题包括:部分塑料玩具存在危险毛边,容易划伤儿童皮肤;小零件不符合标准规定。抽查中有4种毛绒、布绒玩具的眼睛达不到标准规定,拉动时出现脱落现象容易造成儿童误食,出现危险。

在2007年福建省质量技术监督局组织的儿童玩具省级监督抽查中发现个别企业为降低成本,利用废旧再生的劣质塑料原料制造玩具塑料零部件,产品在可预见的合理滥用测试后塑料件脆断出现危险的锐利毛边和尖端,给儿童使用玩具造成安全隐患。

江西省质量技术监督局2006年第3季度童车产品质量省级监督抽查16批次不合格产品中,有3批次产品由于存在锐利边缘和突出物导致产品不合格。

三、召回案例

1) 召回产品-1:供儿童玩耍用青蛙形状的垫子

发布时间:2005年6月15日

数量:约26 000

潜在危险:在垫子上面起支撑作用的金属丝上的罩可以拆开,使金属丝从纺织物中穿出,对婴儿身体造成划伤和刺破的伤害。

事件/伤害:已收到4份金属丝从纺织物中穿出的报告,其中的两份是儿童的身体被暴露的金属丝刺伤。

▶说明:造成以上问题的原因之一是生产企业未学习有关标准规定,在玩具中辅设铁丝支架时,未将两头弯曲包死。

2）召回产品-2:带铅笔刀的铅笔

发布时间：2005 年 10 月 18 日

数量：约 176 000

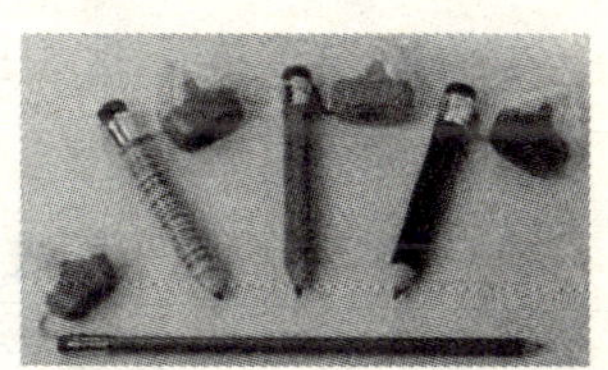

潜在危险：铅笔刀的盖子打开后，刀片被暴露。而且铅笔刀的孔足以容入一个手指，会造成儿童和成人割破的危险。

事件/伤害：已收到 17 份关于刀片报告，其中有 12 份儿童和成人因为刀片而割伤。

3）召回产品-3:单座和双座儿童推车

发布时间：2005 年 11 月 17 日

数量：约 3 200

危害：使用时手把可能破裂或使手把与车体分可，对儿童造成伤害。

事件/伤害：已收到 22 份推车在被抬上和拿下楼梯时手把破裂的报告，其中有两份造成擦伤和刮伤的报告。

4）召回产品-4:垒高探险重型卡车玩具

发布时间：2006 年 9 月 20 日

数量：358 000

潜在危险：卡车上的塑料车轮会脱落，使金属车轴暴露。对小孩产生刺伤的危险。

事件/伤害报告：供应商收到 10 份车轮脱落的报告。两个小孩被严重刺伤。

措施:停用并联系供应商退款。

5) 召回产品-5:玩具灯

发布时间:2006 年 7 月 25 日

数量:约 9 500

潜在危害:消防车的玻璃口和车灯可能变得松动,从玩具上掉下来并且碎成碎片,这会带来划伤,如果被小孩吞食的话,会造成严重伤害的风险。

事件/伤害报告:已经收到一份车灯玻璃在储藏时破碎的报告,没有受伤报告。

6) 召回产品-6:玩具烤肉架

发布时间:2007 年 6 月 28 日

数量:约为 2 300 套

产品描述:被召回的玩具烤肉架为 Play Wonder 品牌,通体金属构架,底部和顶部为橙色,支架为不锈钢材质,灰盘为旋转式可拆卸设计。此外,该烤肉架还配有夹具和刮铲。商标位于商品包装的右下方。该商品于 2006 年 12 月～2007 年 2 月在全美销售,单价为 20 美元/套。

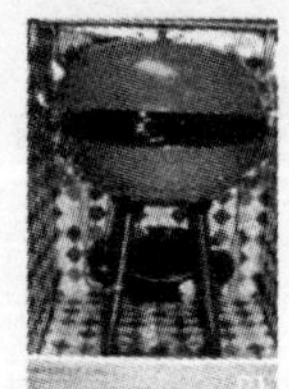

潜在危险:该玩具烤肉架不锈钢支架上的可拆卸灰盘的边缘部分异常锋利,使用者易被划伤。

7) 召回产品-7:玩具烹饪套具

发布时间:2006 年 8 月 10 日

数量: 约 4 200

产品描述:玩具烹饪套具包括 12 件不锈钢制品,其中煎锅等配有透明玻璃盖子。玩具装在一面透明的塑料窗户的白色的盒子中。召回产品生产日期为 2005 年 9 月～2006 年 4 月。2006 年 4 月 1 日之后制造的产品更换为不锈钢盖子，不在召回范围。

潜在危险：玻璃锅盖容易破碎，碎片会给孩子带来伤害。

事件/伤害报告：已经收到 2 份报告，一个 2 岁的女孩被其中一个破碎的玻璃盖划伤了脚，伤口需要缝合。

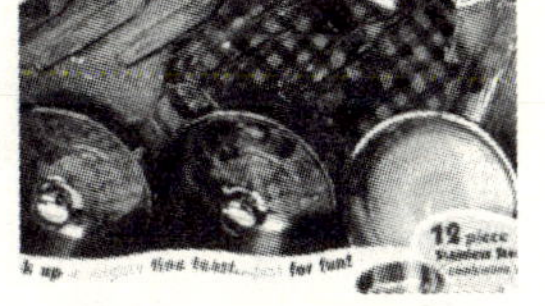

措施：消费者应该立刻从孩子身边取走玻璃盖子而且联络生产商更换。

8）召回产品-8：玩具喷射水袋

发布时间：2006 年 8 月 30 日

数量：约 273 000

产品描述：召回的产品具有灰色细柄，水袋部分则有不同的颜色：白色/绿色，蓝色/黄色和橘色/银色组合。

潜在危害：当装有部分水时，玩具会直立在水面上，坚硬的狭小尾部会向上，带来刺伤的风险。

事件/伤害报告：已经收到一份刺伤报告，一个 8 岁大的女孩受伤。

销售时间：2003 年 2 月～2006 年 8 月。

售价：6～13 美元

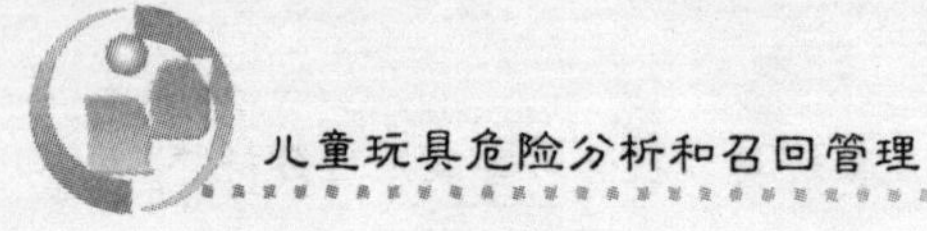

四、相关标准

GB 6675—2003《国家玩具技术安全规范》(摘录)

4.1 机械和物理性能

4.1.6 边缘

a) 可触及的金属或玻璃边缘

供96个月以下儿童使用的玩具不应有可触及的金属或玻璃边缘。

b) 功能性锐利边缘

供36个月以下儿童使用的玩具不应有可触及的功能性危险锐利边缘；

供37个月～96个月儿童使用的玩具如果存在功能性危险锐利边缘,则应设警示说明。

c) 金属玩具边缘

供96个月及以下儿童使用的玩具的可触及金属边缘(包括孔和槽)不应含有危险的毛刺和斜薄边;或将其做成折边或曲边;或用永久保护件或涂层予以保护。

d) 模塑玩具边缘

供96个月及以下儿童使用的模塑玩具的可触及边缘、边角或分模线不应有锐利的毛边或溢边,或加以保护使之不触及。

e) 外露螺栓或螺纹杆的边缘

螺栓或螺纹杆可触及的末端不应有外露的锐利边缘或毛刺,或其端部应有光滑的螺帽覆盖,使锐利的边缘和毛刺不可触及。

4.1.7 尖端

a) 可触及的锐利尖端

供96个月及以下儿童使用的玩具不应有可触及的危险锐利尖端。

b）功能性锐利尖端

供36个月及以下儿童使用的玩具不应有可触及的功能性锐利尖端。

供37个月～96个月儿童使用的玩具如果存在功能性锐利尖端，则应设警示说明。

c）木制玩具

玩具中木制部分的可触及表面和边缘不应有木刺。

4.1.8　突出物

如果突出物存在刺伤皮肤的潜在危险，则应用合适的方式对其加以保护。

4.1.9　金属丝和杆件

a）用于玩具中起增加刚性或固定外形作用的金属丝或其他金属材料，进行挠曲测试时不应断裂而产生危险的锐利边缘或突出物。

b）玩具伞伞骨的尖端应加以有效保护；进行拉力测试时若保护件被拉脱，伞骨最小直径应为2mm，且端部圆滑。

GB 14746—2006《儿童自行车安全要求》（摘录）

本标准规定了4岁～8岁年龄段的儿童自行车的术语和定义，及其部件在设计、装配和测试方面的安全和性能的要求，以及试验方法。也对儿童自行车的使用和维护说明提出了一些指导准则。

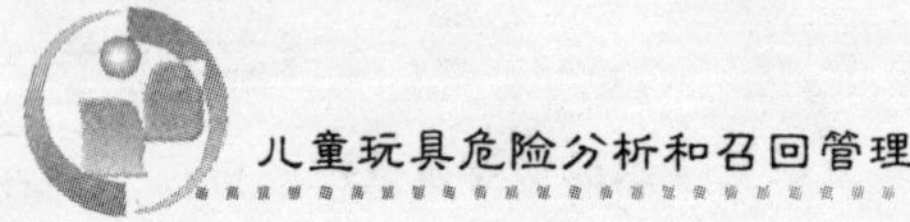

本标准适用于鞍座的最大高度大于435mm而小于635mm的、凭借作用于后轮的驱动机构骑行的儿童自行车。

3 技术要求

3.1 总则

3.1.1 锐利边缘

在正常的骑行、搬运和维修时，凡骑行者的身体部分如手和腿，可能触及的外露边缘，均不应有锐利边缘。

五、防范建议

本类危险主要源于两个主要原因：设计问题，如未设计圆角过渡、未进行卷边等；制造问题，如偷工减料，造成玩具强度差，使用中极易变形破碎。

因此，家长们在选购玩具时，首先在外观上要进行检查，可以用手指按压玩具的尖部、角部，感觉是否存在造成儿童伤害的危险。特别不要贪图便宜，购买来路不明，没有产品检验合格证明的产品。

第二节 跌落的危险

跌落的危险来源于玩具使用过程中的动能和势能非正常转换。伤害后果和玩具的结构、稳定性和强度有关。

从统计的情况看，跌伤主要发生的儿童乘骑类玩具的使用过程之中。有些乘骑类玩具设计存在缺陷，产品稳定性差、结构不合理等，使用中不小心就会出现小孩跌落的危险，造成幼儿伤害。

一、伤害案例

1）高空观览车坠落案

1997 年 9 月 28 日上午 11 时，成都某游乐园。一对四岁半的双胞胎姐妹乘坐高空观览车。在 30m 的高空，因观览车窗户的栏杆间隙过大，在两姐妹攀爬时姐姐从高空摔下死亡。

2）学步车翻倒引发赔偿案

2001 年 7 月 18 日傍晚，云南省昆明市。有个 10 个月大的孩子叫晓晓，在使用学步车的时候，学步车后翻，被摔成了重伤。在随后将近一年的时间里，晓晓先后在北京的五家医院治过病，经历了 20 多次大大小小的手术。仍留下了癫痫和哮喘等后遗症。为了给孩子看病，先后花了 10 多万元钱。孩子的父母以孩子晓晓的名义，将销售商告上了法庭。要求被告赔偿自己已经支付的医药费、护理费、交通费、通讯费、住宿费等合计约 11 万元，精神抚慰金 150 万元。

法院在审理案件的过程中提出，证明学步车没有质量问题的举证责任应该在被告方，而被告方如果想要证明这一点，就只有做司法鉴定。根据 GB 14749《婴儿学步车安全要求》的规定，要检测学步车会不会翻倒，稳定性的考核主要通过考核动态稳定和静态稳定二项试验。如果这两项标准符合要求，这个车在正常使用情况下就不会翻倒。由于被告没有交鉴定费，只能承担举证不能的不利后果。

2003 年 4 月 18 日，昆明市中级人民法院对本案作出一审判决：由被告支付原告医疗费、护理费、住院期间伙食补助费、交通费、住宿费等约 11 万元，精神抚慰金 15 万元，合计约 26 万元。

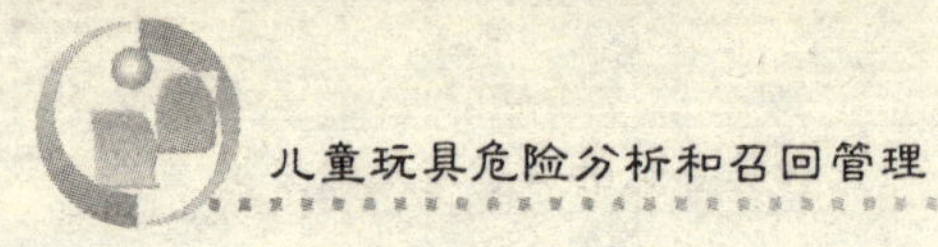

二、抽查情况

1）儿童推车中的安全带不合格

上海市质量技术监督局2006年对本市生产、销售的童车产品进行了专项的监督抽查。从抽查结果来看，儿童推车中的安全带拉力问题较为突出。共计抽查8批次产品，其中合格为5批次，合格率为62.5%。不合格原因均为安全带拉力问题。不合格的产品中，有的安全带拉脱力仅为150N，远低于标准要求的大于等于300N。儿童坐在这样的童车内，使用如此的安全带，极易从车内跌出，从而造成伤害。

江西省质量技术监督局2006年第3季度童车产品质量省级监督抽查6批次不合格儿童推车中，有5批次产品的安全带及装置不符合规定要求。

2）儿童自行车闸把尺寸过大及脚蹬间隙过小

儿童自行车是指鞍座高度在435mm～635mm范围内、靠后轮驱动的自行车，按需要可装或不装平衡轮。上海市质量技术监督局2006年对该市生产、销售的童车产品进行的专项监督抽查发现的儿童自行车不合格的项目是闸把尺寸过大及脚蹬间隙（自行车的脚蹬和前轮胎或泥板之间的间隙）过小。

由于儿童的生理特点，手比成人要小得多。闸把尺寸过大，儿童就会因握不紧闸把而刹不住车，从而发生事故。脚蹬和前轮胎或泥板之间的间隙过小，有可能造成儿童的腿触及前轮胎或前泥板，从而造成伤害。

3）婴儿学步车的刚性指标不达标

江西省质量技术监督局2006年第3季度童车产品质量省

级监督抽查的7批次不合格婴儿学步车中，有6批次产品刚性指标达不到标准规定要求。主要是由于部分企业使用劣质原材料生产造成的。刚性不合格的婴儿学步车在婴儿使用时，极有可能使婴儿沉入车底，造成跌伤、挫伤、夹伤甚至身体骨折等严重后果。

三、召回案例

1）召回产品-1：电动滑板车

发布时间：2005年2月17日

数量：约4 300

危险：按钮可以被松开引起手把与滑板车分离。此外FS-101型上的可折叠的连接锁可以打开，引起手把从垂直位置分离。会造成骑行者失去控制并从滑板车上跌落的危险。

事故/伤害：28份，包括一例儿童从车上跌落胳膊受伤的报告。

2）召回产品-2：婴儿背带

发布时间：2005年2月22日

潜在危险：肩部的支撑带会从背带上分离，造成幼儿坠落的危险。

3）召回产品-3：吊椅

发布时间：2005年6月16日

数量：29 300

潜在危险：使吊椅系在门框上的塑料夹子可能断裂，引起吊椅整体跌落，对儿童造成伤害。

事件/伤害：已收到49份夹子断裂的报告，其中有 12 份伤害的报告，包括可能性轻微脑震荡、膝盖受伤、嘴唇破裂和撞伤的伤害。

4）召回产品-4：秋千

发布时间：2006 年 5 月 18 日

数量：约 18 400

潜在危险：秋千可能突然断裂，导致使用者跌落到地上。

事件/伤害报告：已收到 84 例秋千断裂的报告，包括一例伤害报告：一个两岁的女孩在秋千断裂后跌落到地上时扭伤了手腕。

5）召回产品-5：儿童头盔

发布时间：2005 年 8 月 31 日

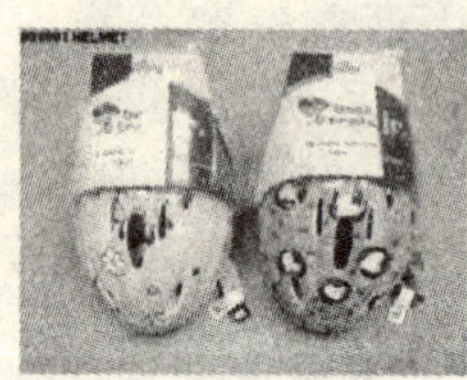

潜在危险：这些头盔不符合 CPSC 关于儿童头盔的安全标准，会造成骑行者头部受伤的危险。

6）召回产品-6：可弹跳婴儿吊椅

发布时间：2005 年 12 月 13 日

数量：约 14 000

危害：吊椅系在门框上的塑料夹子可能断裂，引起吊椅和婴儿跌落到地板上，对婴儿造成伤害。

事件/伤害：已收到 9 份夹子断裂和 3 份伤害的报告，其中包括一例前额、下颚和脚擦伤的报告。

7）召回产品-7：婴儿学步车

发布时间：2006 年 2 月 1 日

数量：约 600

潜在危险：被回收的学步车可以通过一个标准的门但不能在台阶边缘处按要求停止，使用这样的学步车的婴儿可能会受到严重的伤害甚至死亡。

8）召回产品-8：自行车儿童座椅

发布时间：2006 年 5 月 9 日

数量：约 14 000

潜在危险：如果座椅不能牢固的固定在车架上，座椅上的塑料件可能断裂，从而造成座椅跌落，会对儿童造成严重的伤害。

事件/伤害报告：已收到 5 份座椅跌落的报告，包括 3 份撞伤和刮伤的报告。

9）召回产品-9：婴儿跳椅

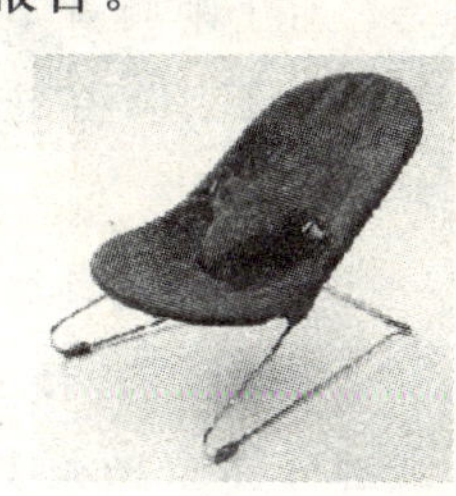

发布时间：2007 年 4 月 18 日

数量：1 400

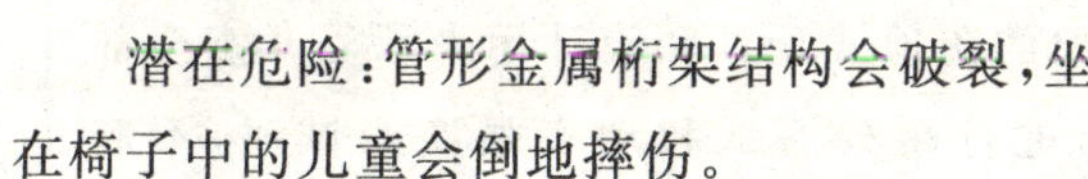

潜在危险：管形金属桁架结构会破裂，坐在椅子中的儿童会倒地摔伤。

10）召回产品-10：婴幼儿汽车座椅

发布时间：2007 年 5 月 10 日

数量：450 000

潜在危险：当提起座椅时，提手会出人意料的脱扣，导致座椅向前翻转。此时，在座椅里的儿童会掉到地上 遭到严重的伤害。

四、相关标准

GB 6675—2003《国家玩具技术安全规范》(摘录)

4.1.15 稳定性及载重要求

a) 供60个月及以下儿童使用、可用脚起稳定作用的乘骑玩具和有座位的落地式玩具的侧倾稳定性进行相应侧倾稳定性测试时,不应倾倒。

b) 供60个月及以下儿童、不可用脚起稳定作用的乘骑玩具和有座位的落地式玩具的侧倾稳定性在进行相应侧试时,不应倾倒。

c) 供60个月或以下儿童使用的乘骑玩具和有座位的落地式前后稳定性

对于乘骑者不能方便的用脚起稳定作用的乘骑玩具和有座位的玩具,在进行前后稳定性测试时,不应向前和向后倾倒。

d) 乘骑玩具及座位的超载性能

乘骑玩具、有座位的落地式玩具和设计用来承受儿童全部或部分体重的玩具,进行超载测试和动态强度测试时,不应折叠。

e) 静止在地面上的玩具的稳定性

高度大于760mm且质量超过4.5kg的静止/摆放在地面上的玩具,进行相应测试时不应倾倒。

GB 14749—2006《婴儿学步车安全要求》(摘录)

4.4　静态稳定性

按 5.9(静态稳定性测试)测试时,学步车不应翻倒。

4.5　动态稳定性

按 5.10(动态稳定性测试)测试时,学步车不应翻倒。

5.9　静态稳定性测试(见 4.4)

5.9.1　测试设备及要求

a) 一个能与水平面倾斜成 20°的平台,该平台较低边缘装有一挡块;

b) 测试过程中该挡块不应支撑住学步车的底部边缘;

c) 测试挡块的高度应足以阻止学步车从平台上滑下。

5.9.2　测试方法

a) 可调节座位高度的学步车,应将其座位调节到最高位置。

b) 将学步车水平放置,将测试砝码 A 竖直放置在座位的中心。测试砝码 A 在测试过程中不应移动。为阻止测试砝码 A 的移动,用可以忽略质量的物体固定。

c) 将学步车放到倾斜平面上(见图 5)(略)。学步车通过它的两个脚轮靠在挡块上。

d) 对每相邻的两脚轮重复 5.9.2 c)的测试。

5.10　动态稳定性测试(见 4.5)

5.10.1　测试仪器

一个水平面,该面的一侧固定一个高度为 40mm 的刚性挡块。

5.10.2　测试方法

a) 可调节座位应调节到最高位置。

b) 将学步车水平放置,将测试砝码 A 竖直放置在座位的中心。

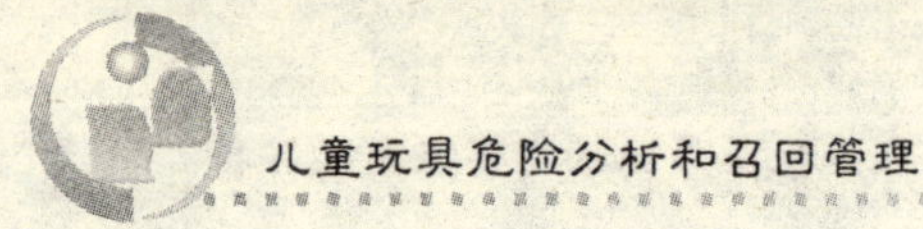

测试砝码 A 在测试过程中不应移动。为阻止测试砝码的移动，用可以忽略质量的物体固定。

c）学步车以 2m/s±0.2m/s 的速度撞击挡块。

五、防范建议

学步车后翻事件表明，产品设计中未达到稳定性要求。生产企业应当提高设计制造水平，特别是产品应当经过检验及相关验证后才能出厂销售。作为家长，要想避免子女受到此类伤害，必须加强对儿童的监护和对玩具的日常检查，发现问题如裂缝等应当立即停止使用。

第三节　挤压和剪切伤

玩具的形状、尺寸和结构不符合规范要求，使得儿童身体的局部因挤压和剪切造成伤害。这些伤害有时发生在相互运动的玩具部件之间，有些发生在单个零件的孔洞之中；有些是玩具设计存在缺陷，有些是安装不合理形成隐患。

一、伤害案例

1）童车张口“咬人”，因未将整条链条包裹

2002 年 1 月 20 日，年仅 4 岁小韦伟在骑童车玩耍过程中，由于厂方未在童车上安装全罩式链罩，致使他的右拇指被裸露在外的车链与齿轮卡住，并造成右拇指末节基底部横断骨折，构成 9 级伤残。

以上案例中，生产者认为，童车配置的是“F”形铁链罩，其设计

原理符合 GB 14746—1993《儿童自行车安全要求》中 3.11 的要求。有关检测报告也表明产品在质量技术监督部门组织的监督抽查中是合格的。由于产品的安全要求符合国家规定的标准，根据《产品质量法》第 46 条的规定，它显然不属于存在质量问题和严重缺陷的产品。另外，涉案童车还在车架中管中段贴有警告语："要在成年人看护下使用及不准在道路上行驶。"等安全警告说明。如果原告的父母遵照该车的使用说明和安全警告提示说明，在原告骑玩童车时负起在场监护之责，则肯定不至于造成原告伤害。

受害方则认为：被告方生产的是童车，是小孩子用的，理应考虑到小孩子的特殊需要。但被告方为了节约成本，在生产童车时，没有将整条链条包裹起来，存在着安全隐患。符合国家标准，并不意味着没有质量缺陷。

法院认为，产品即使符合国家标准，但不符合社会普遍公认的安全性也是产品存在缺陷。从生产方所提供的证据来看，童车是符合国家标准的产品。然而，涉案产品是一款提供给 3 岁以上儿童使用的车辆，在一般人看来，"F"形链罩设计显然有不合理的危险存在。原告被童车的链条与链轮结合部夹伤的不幸事件并非属于个案，这些事件的发生足可说明"F"形的链罩设计确实存在着不合理的危险。

2002 年 6 月 1 日，广东省消委会在媒体发出消费警示，指出目前出售的儿童单车链罩多存在安全隐患，劝商场将有安全隐患的童车撤下货架；建议生产厂家对问题童车进行召回，消除安全隐患，免费为消费者更换符合国家标准的链罩，对于因童车链罩不符合国家标准要求导致消费者身体受伤的，应积极妥善处理，依法给予赔偿。

2006 年 2 月 21 日发布的国家标准 GB 14746—2006《儿童自行

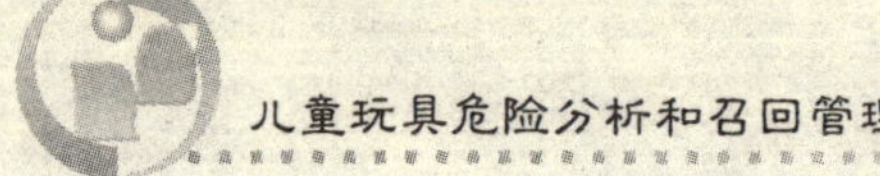

车安全要求》(2007 年 1 月 1 日实施),取消了旧标准在儿童单车链罩规定中关于“在目前条件下实施日期允许工贸双方协议后再确定”说法,有关要求具有了实质性的强制性。按新标准生产的童车将不会再发生类似的悲剧。

2) 摇椅致命,认定存在缺陷

据台湾媒体报道,高雄市一名吴姓 8 岁男童,在儿童游戏场玩耍时,不慎遭摇椅底部夹住头部,因伤重于 2002 年 1 月 28 日不治身亡。经勘验,认定摇椅踏板下方与地面的净空高度只有 14.5cm,不符合标准规范。这一摇椅设置的缺陷与吴姓儿童的死亡具有相当因果关系。

二、抽查情况

2007 年 1 季度玩具产品质量国家监督抽查发现个别玩具弹簧不合格。凡由于外因导致螺距大于 3mm 的弹簧应不可触及。抽查中有个别玩具弹簧受到 40N 的拉力时,螺距大于 3mm,这样的玩具可能夹伤儿童的手指或皮肤。

三、召回案例

1) 召回产品-1:可折叠的儿童椅

发布时间:2005 年 4 月 29 日

数量:约 150 万

潜在危险:椅子的安全锁可能失效,引起突然折叠。儿童的手指可能被夹入或陷入到椅子铰链或缝隙处,造成夹伤或划伤的危险。这会引起儿童手指严重破口和手指末端切伤的危险。

事件/伤害:已收到 4 份手指末端切伤和 7 份手指划伤的

报告。

2）召回产品-2：双人儿童推车及单人儿童推车

发布时间：2005 年 7 月 8 日

数量：约 1 百万辆双人推车和 14 万辆单人推车

危害：当推车使用过程中锁装置可能完全的失效或突然的折叠。使儿童在乘坐推车时造成骨折、切伤、撞伤、擦伤和其他伤害。

事件/伤害：双人儿童推车，已收到 306 份推车折叠的报告，含有 230 例伤害的报告，包括 1 例胳膊骨折、1 例需要缝针的报告。单人儿童推车，已收到 223 份推车折叠的报告，含 34 例伤害的报告，包括头部和身体 18 处撞伤和瘀伤。其他的伤害还包括：切伤、擦伤、撞伤、手指挫伤和肌肉拉伤。

3）召回产品-3：儿童折叠椅

发布时间：2005 年 7 月 27 日

数量：约 175 000

潜在危险：儿童的手指可能被夹在或陷入椅子的绞链或缝隙处，造成夹伤或割伤的危险。

事件/伤害：已收到 3 份事件报告，其中 2 份手指被挤压 1 份手指被划破。

4）召回产品-4：儿童折叠椅

发布时间：2005 年 7 月 27 日

数量：约 110 万

危害：椅子的安全锁会失效，引起突然的倒塌和折叠。儿童的手指可能被夹在或陷入椅子的绞链或缝隙处，造成夹伤或割伤的危险。会引起更为严重的手指被划破和切伤的危险。

事件/伤害：已收到5份事件报告，其中1份是手指末端被切伤，第2份是一个手指的末端切伤一个手指被划破，第3份是一个手指骨折一个手指划破，另两份事件没有伤害报告。

5）召回产品-5："笑着学习系列"音乐学习椅

发布时间：2006年1月18日

数量：约614 000

产品描述：蓝色椅子附有4个绿色胶制椅脚，椅旁的小几备有紫色底部与白色桌面，小几上有一个钟、一盏灯和一本书，可播放音乐及教导小朋友认识数字和字母。

产品型号：H4609显示于座椅底部。

潜在危险：儿童有可能被卡在椅背和小几之间的空隙，有卡住儿童颈部，导致窒息的危险。

事件/伤害报告：已收到3份儿童将颈部探入椅子的靠背和侧面的桌子之间的报告，包括一例颈部受伤的报告。

措施：在椅背和小几之间加上一个连接件防止儿童颈部进入。

6）召回产品-6：微型跳跃床

发布时间：2006年4月6日

潜在危险：如果一个人独自装配跳跃床并且外面的栏杆一旦被释放，跳跃床会突然合拢，存在击打消费者致严重损伤的危险。

事件/损害：收到损害的13份报告；伤害涉及前额，眉毛，嘴唇或下巴、牙齿。

7）召回产品-7：Learn-Around™运动场活动中心

发布时间：2006 年 9 月 7 日

数量：约 186 000

产品描述：玩具包括塑料滑道和音乐字母板，产品型号为 10200。

潜在危险：儿童的上肢能够正好卡在玩具的塑料管里，存在对儿童伤害的风险。

事件/损害：制造商已经收到 145 份儿童上肢卡在塑料管里的报告，其中 54 份产生轻微擦伤的报告。

8）召回产品-8：无篷便携式婴儿摇篮

发布日期：2007 年 5 月 30 日

数量：11.2 万只

产品描述：摇篮高 23in，左右各有 1 个把手。产品型号为 K7203、K7192 和 K7195。

潜在危险：被召回的原因为婴儿在摇篮中易偏移，有被摇篮框架和座椅夹伤的危险。

事故报告：已收到 60 起儿童被夹伤的报告。

措施：建议消费者立即停止使用该摇篮，退货。

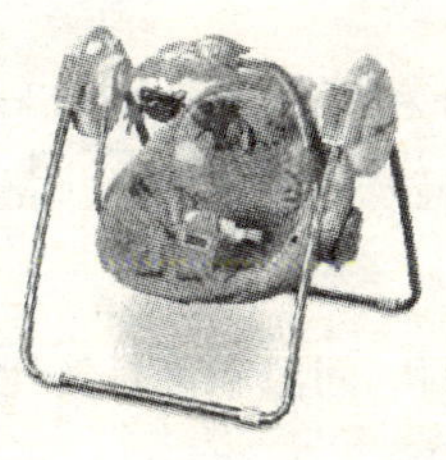

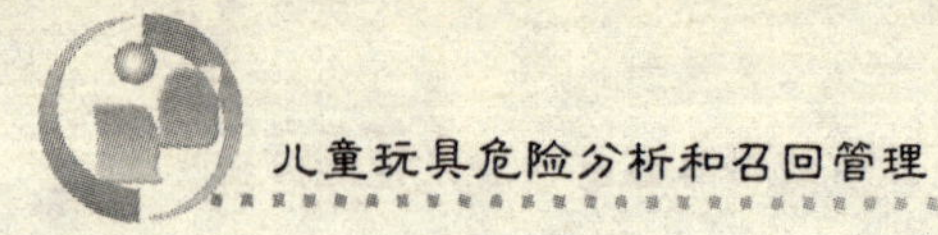

四、相关标准

GB 6675—2003《国家玩具技术安全规范》(摘录)

4.1 机械和物理性能

4.1.12 折叠机械

a) 具有手柄或其他折叠机构部件的玩具推车、玩具四轮婴儿车、玩具摇篮车及类似玩具

如果手柄或其他结构部件可能会折叠而压在儿童身上,则最少应有一个主要锁定装置及一个副锁定装置,二者应直接作用于折叠机构上;当玩具安装好后,至少其中一个锁定装置应能自动锁定。

b) 不存在手柄或其他结构部件会折叠而压在儿童身上的玩具推车和玩具摇篮车

至少应有一个锁定机构或安全止动装置。

c) 带有折叠机构的其他玩具

可承载儿童质量或相应质量的玩具家具及其他玩具中的折叠机构、支架或支撑杆,应设有安全止动或锁定装置以防止玩具意外突然移动或折叠,且进行相应测试时不应折叠;或者运动部件之间可插入 ϕ5mm 的圆杆,则应也可插入 ϕ12mm 的圆杆。

d) 铰链间隙

玩具上的固定部分和质量超过 0.25kg 的活动部分在铰链线上有间隙时,如果该可触及间隙可插入 ϕ5mm 的圆杆,则应也可插入 ϕ12mm 的圆杆。

4.1.13 机械装置中的孔、间隙和可触及性

a) 刚性材料上的圆孔

供 60 个月及以下儿童使用的玩具中任何厚度小于 1.58mm 的、刚性材料上的、可触及的圆孔，如果可插入 ϕ6mm 的圆杆，插入深度为 10mm 以上，则应也可插入 ϕ12mm 的圆杆。

b) 活动部件间的间隙

供 96 个月及以下儿童使用的玩具，如果活动部件的可触及间隙可插入 ϕ5mm 的圆杆，则应也可插入 ϕ12mm 的圆杆。

c) 乘骑玩具中的传动链/皮带

乘骑玩具中的动力传动链/皮带须加保护罩使其不可触及。若不使用工具，则保护罩不可移开。

d) 其他驱动机构

玩具的发条驱动、电池驱动、惯性驱动或其他驱动机构应加以封闭，不应露出可触及锐利边缘或锐利尖端或其他压伤手指或身体其他部位的危险部件。

e) 发条钥匙

供 36 个月及以下儿童使用的发条钥匙突出玩具主体的玩具，如果钥匙爪形把手与玩具主体的间隙可插入 ϕ5mm 的圆杆，则应也可插入 ϕ12mm 的圆杆。且其爪形把手上不应有可插入 ϕ5mm 的圆杆的孔。

4.1.14　弹簧

a) 如果螺旋弹簧在使用中任何位置的螺距大于 3mm，则弹簧应不可触及；

b) 如果拉伸螺旋弹簧受到 40N 的拉力时，螺距大于 3mm，则弹簧应不可触及；

c) 如果处于静止状态的压缩弹簧的螺距大于 3mm，并且玩具在使用时，可能承受大于 40N 的力，则弹簧应不可触及。

GB 14746—2006《儿童自行车安全要求》(摘录)

3 技术要求

3.1 总则

3.1.3 有关安全的紧固件的紧固和强度

3.1.3.1 螺钉的紧固

用于支承系统的装配螺钉,或者用于摩电机、制动机构、泥板与车架、前叉或车把的连接螺钉,应具有可靠的锁紧装置(即锁紧垫圈、锁紧螺母、加强螺母)。

3.11 链罩

儿童自行车的鞍座最大高度等于或大于560mm者,应装有一个盘链罩或其他的防护装置,用以遮住链条和链轮啮合部的外表面。在链条置于链轮上时,盘链罩应在直径方向上超出链条的外侧面。除盘链罩外的其他防护装置,则遮蔽范围应延伸到链齿初始啮合链条两侧片的那一点之前至少25mm处。

儿童自行车的鞍座最大高度小于560mm者应装有一全链罩,它必须完全遮住链条、链轮和飞轮的外表面及其边沿部分,还要遮住链轮、链条和链轮啮合部位的内侧。

GB 14746—1993《儿童自行车安全要求》(摘录)

(已经作废,与2006年版本对照用)

3.11 链罩(在目前条件下实施日期允许工贸双方协议后再确定)

鞍座最高高度等于或大于560mm的儿童自行车,应装一只盘链罩或其他的防护装置以遮住链条和链轮上啮合部的外表面,当链条全部啮合在链轮上时,盘链罩应在直径方向上超出链条的外侧面。不用盘链罩而用其他防护装置的,则遮住范围应延至链轮齿初始进入链条两侧片的那一点起沿链条量到至少 25mm 处。

鞍座最高高度小于 560mm 的儿童自行车应装有一链罩，它要完全遮住链条、链轮和飞轮的外表面和边沿，还要遮住链轮以及链条和链轮啮合处的内表面。

GB 14748—2006《儿童推车安全要求》(摘录)

4.11　折叠锁定装置

折叠锁定装置要防止儿童在车中及将儿童抱出或放入推车的过程中车辆意外折叠。

为了避免成人或儿童无意操作而导致推车意外折叠的危险，车辆至少应安装一个锁定装置，且释放该锁定装置应符合以下要求之一

a）两个独立的动作，作用在两个独立的机构上；

b）两个连贯的动作，且当执行第二个动作时第一个动作应在被保持的状态。

为了避免不完全打开产生的危险，车辆至少应有一个锁定装置能够在打开推车时自动生效。

五、防范建议

应当特别关注有折叠机构的玩具。此类玩具以铰接或旋转轴连接，使用状态表现为折叠或滑动。在操作时会产生挤压、剪切作用。

第四节　弹射和能量爆发伤害

发生在国内某玩具进出口公司（以下称 S 公司）和美帝国玩具公司（以下称 T 公司）之间的“玩具弹弓质量诉讼”案就是一宗弹射

类玩具引发的典型案例。

1980 年，美国 T 公司携玩具样品来到中国 S 公司，双方确认由美方提供样品和材料，S 公司加工产品，并由 T 公司在美包装和销售。该玩具是一款玩具弹弓，依靠橡皮条的弹力打出一颗颗降落伞钉，此降落伞钉升空后能变成一朵朵小降落伞。

1984 年起，陆续有消费者在美起诉 T 公司，称玩具弹弓对儿童造成了伤害要求赔偿。结果 T 公司在支付了近 120 万美元的和解赔偿金后向 S 公司要求退货并赔偿相关损失。在中方的积极抗辩下，1995 年 4 月，美南加州地区法院判决不予支持 T 公司的诉求。

弹射和能量爆发的伤害基本上是一种被动的伤害形式。其伤害结果并不取决于受害者本人的动作力度和幅度。因此，这种伤害的后果一般会比割伤等机械伤害严重。

一、伤害案例

1）玩具枪火药裤袋中突爆炸，小学生手被炸伤。3 年级学生岳某花 5 毛钱在小商店里买了把玩具手枪，同时还买了一板与手枪配套的火药，买回家后，因父母都在家，孩子不敢将枪拿出来玩，只是将火药藏在自己的校服裤子口袋里。不知什么原因，火药竟然爆炸了，裤子被炸得漆黑，多处破烂，孩子放在口袋外面的右手来不及躲闪，被炸得皮开肉绽，几个手指头上的皮都被炸裂，耷拉了下来。

2）2003 年 3 月，某少儿公园“太阳神”游艺机由于安装在中轴上的减速箱卡死而引起突发性机械故障，致使游艺机在旋转过程中发生舱位之间、舱位与游艺机中柱、人与舱位之间的相互碰撞。部分人员受轻微碰伤，其中一位小朋友当场吓晕。从而引发了 7 户家庭、15 位大人小孩对公园经营者的投诉。这也是属于动能失控而造成的事故。

3）2005 年 10 月 17 日晚上 7 点左右，云南省某镇的小松、小南、小鹏等顽童在镇医院大院相互打闹玩耍。小松提着父母新近购买的“手枪”追着小南玩“枪战游戏”时，瞄准小南不停射击。不料小南一下跌倒在地大声哭起来。次日，小南被母亲和小松的父母一起送到成都某医院检查住院治疗 7 天，开支医药费 439.9 元，医生诊断为右眼球挫伤，前房积血。同月 21 日，小南入住云南省某医院，医生诊断为右眼顿挫伤，外伤性虹膜炎；右眼视网膜震荡伤并续发性高眼压。之后的一年多时间，小南不断往返于医院与家庭之间治疗和复查。2006 年 10 月 12 日，经法医鉴定评定，小南的伤为十级伤残。（摘自中国法院网讯）

二、抽查情况

各类抽查中发现蓄能弹射玩具存在安全问题：

(1) 弹射物的保护端部在经可预见的合理滥用后与主体分离，且弹射物仍可从预定的弹射机构中发射；

(2) 弹射玩具其弹射物的动能及单位接触面积的动能均超过了标准规定的限值、弹射机构在未经改装的情况下能发射非本身玩具提供的弹射物，如铅笔之类的东西，且未设任何警示说明。

三、召回案例

1）召回产品-1：带有吸盘的箭

发布时间：2006 年 4 月 27 日（欧盟/西班牙）

潜在危险：受伤和窒息危险。用于子弹撞击部分（吸盘）的弹性材料在小于 60N 拉力的作用下可能脱落，并且子弹的动能超出了最大许可值。如果子弹的保护吸盘脱落并且子弹打到人的眼睛

或身体的其他部位引起外伤危险。脱落的吸盘可导致窒息危险。由于儿童通常舔吸盘把它弄湿以使它更好地粘在它撞击的表面上，这增加了危险。本产品不符合玩具指令和欧洲标准。

处理措施：主管部门命令从市场撤销产品。

2）召回产品-2：弹簧单高跷

发布时间：2005 年 5 月 10 日

数量：约 154 000 只

潜在危险：内部的金属钉磨损后，导致弹簧单高跷卡住保持向下的状态并可能突然释放，对儿童造成跌落和面部撞伤的危险。

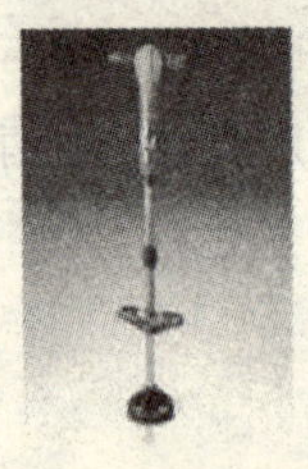

事件/伤害：已收到 17 份关于弹簧单高跷的事故报告，包括一例两颗牙齿脱落和一例需要缝针的报告。其他的伤害包括严重的划伤和跌落后面部、胳膊、腿部的擦伤。

四、相关标准

GB 6675—2003《国家玩具技术安全规范》(摘录)

4.1 机械和物理性能

4.1.18.2 蓄能弹射玩具

a)……

3）对存在不适当使用的潜在危险应设警示说明；

d）所有弹射物均不应完全容入小零件试验器。本要求全年龄组适用。

4.1.18.3 非蓄能弹射玩具

c）应设警示说明。

4.1.26 玩具旱冰鞋及玩具滑板

应设有警示说明以提醒使用时须佩带保护装置。

A. 4. 18

A. 4. 18. 1　一般要求

玩具弹射器和带有弹射器的玩具应符合下列要求：

a）硬质弹射器的端部的半径不小于 2mm；

b）高速旋转翼或螺旋桨的周围应设计为圆环状以减少可能产生的危险。

本条款不适用于未启动时旋转翼或螺旋桨处于折叠状态的玩具。但这些旋转翼或螺旋桨的端部和边缘应用合适的弹性材料制成。

五、防范建议

弹射类玩具是一种特殊的玩具类别。有关能量爆发造成的伤害也具有不同于一般玩具的特殊性。因此，只要家长们加以特别的关注，就会避免伤害的发生。

第五节　听觉伤害危险

强烈的噪声会引起儿童失聪。

孩子对声音的感应要比成年人灵敏，80dB 的声音就会使儿童产生头痛、头昏、耳鸣、情绪紧张、记忆力减退等症状。多数机关枪、带警笛的玩具警车、有马达的模型飞机及玩具消防车、火车等发声玩具，在 10cm 之内的噪声也超过 80dB。

一、易导致伤害的重点产品

近耳玩具，如听筒上发出响铃声或蜂鸣声的玩具电话和带耳机的玩具；

手持玩具，碰碰发声的玩具、音乐玩具和玩具火药帽；

玩具机关枪、玩具警车、玩具消防车、玩具火车以及带马达的玩具飞机等发声玩具

二、召回案例

1）召回产品-1：玩具电话

发布时间：2006 年 11 月 5 日（瑞典）

潜在危险：该产品声音级别达到 124dB，远远高出许可值。引起严重的损害听力危险。

2）召回产品-2：塑料玩具小丑

发布时间：2005 年 9 月 20 日（爱沙尼亚）

潜在危险：软塑料玩具小丑噪声超标，不符合有关健康标准。检测结果表明，玩具小丑的挤压发声装置产生的噪声比极限值高 5.7dB～7.4dB，且该装置容易脱落，因而存在损害儿童听力及使儿童窒息的危险。为保护消费者的健康，爱沙尼亚已发起在全国范围无限期禁止销售该产品。

3）召回产品-3：遥控飞机

发布时间：2007 年 7 月 24 日

数量：21 000 支

潜在危险：遥控飞机依靠手部力量起飞，可能在消费者手部周围爆炸，造成暂时性失聪，对眼睛、面部和手部的伤害。

事件/伤害报告：已经收到 45 份飞机爆炸的报告，其中有 22 份有耳部受伤或听力

受影响的报告。

4）召回产品-4：玩具电话

发布时间：2007年第8周（芬兰）

产品描述：Simba牌玩具电话，可发光、发声。款式/型号数字：4711558。

潜在危险：对听力有损伤，该玩具的声压可达87dB，欧洲相关标准规定的声压最大限制值为80dB。该玩具不符合欧盟玩具指令和相关欧洲标准EN71-1。

5）召回产品-5：手机玩具

发布时间：2007年第8周（芬兰）

产品描述：柔软的鸭子手机玩具，款式/型号数字：5000312。

潜在危险：对听力有损伤：该玩具的声压可达85dB，欧洲相关标准规定的声压最大限制值为80dB。该玩具不符合欧盟玩具指令和相关欧洲标准EN71-1。

三、相关标准

GB 6675—2003《国家玩具技术安全规范》（摘录）

A.F.4 警告和使用说明［见A.F.2.f］

产生高脉冲声响的玩具或其包装上应有以下警告：

“警告！使用时不应靠近耳朵！使用不当会导致听力损伤。”

带火药帽的玩具应加上：

“不应在室内发射！”

欧盟标准EN 71-1：2005（E）《玩具安全 第1部分：机械和物理性能》（摘录）

4.20 声响(见 A.25)

本条款不适用于：

——口动玩具，即声响大小由儿童吸吹运动决定的玩具(如：哨子及仿制乐器如喇叭、长笛等)

——儿童操作玩具，即由任意力量大小决定声音大小的玩具(如木琴、钟、鼓)。但摇铃和挤压玩具应符合本条规定。

——磁带放音机、CD机和其他类似电子玩具。但如果该类玩具有耳机或头戴受话器，则也应符合本条规定。

当依照第8.28(声压水平测试)试验时，明显设计为发声的玩具应符合下列要求：

a) 在自由场测量近耳玩具A加权声压水平，L_{pA}，不应超过80dB。用耦合器测量近耳玩具A加权声压水平，L_{pA}，不应超过90dB。

b) 摇铃或挤压玩具的A加权单事件声压水平，L_{pA1s}，不应超过85dB。

c) 摇铃或挤压玩具的C加权峰值声压水平，$L_{pC\ peak}$，不应超过110dB。

d) 雷管玩具的C加权峰值声压水平，$L_{pC\ peak}$，不应超过125dB。

e) 除雷管玩具外的任何玩具的C加权峰值声压水平，$L_{pC\ peak}$，不应超过115dB。

f) 如果玩具的C加权峰值声压水平，$L_{pC\ peak}$，超过110dB，应提醒使用者注意潜在的听觉损害危险(见第7.14)。

四、防范建议

家长在给孩子挑选玩具时应该考虑噪声因素，不要一味地求新，求怪，应尽量挑选那些益智的玩具品种，避免孩子接触高音喇叭、电钻等高噪声环境。不应让儿童将玩具发声部分贴近耳边；应将发声位置加上胶贴，以减低音量。

减少玩具噪声对儿童的危害，首先要控制玩具本身的发声量，同时家长应有限度地让孩子玩这类玩具。

第三章

化学和生物的危险

玩具的化学危险主要是指因玩具本身或填充物含有有毒有害物质而产生的危险。包括刺激性、窒息性、致敏性、致癌性、溶血性、麻醉性等物质。本文将这些有毒有害物质分为有毒有害重金属和其他有毒化学元素和有毒化合物两类进行讨论。

玩具的生物危险主要是指玩具在生产、储存和销售的过程中因污染携带致病微生物、传染病媒介物等，在儿童使用玩具时对儿童产生伤害。

应当关注的重点物品包括：

口动玩具的口腔接触部件；

戴在嘴上或鼻子上的玩具；

儿童能进入的玩具；

作为玩具使用或玩具中应用的构图装置部件；

户内使用的玩具和易接触到的玩具部件；

户外使用的玩具和易接触到的玩具部件；

仿造食物设计的玩具或玩具部件；

可能留下痕量的固体玩具材料；

玩具中易接触到的有色液体；

模型陶土、玩具陶土或类似产品；

附有黏性剂的模仿图腾；

模仿首饰；

3 岁以下儿童用手玩耍的、质量小于或等于 150g 的玩具或易接触到的玩具部件。

第一节　有毒有害重金属

玩具中的有毒有害重金属元素主要是指：锑(Sb)、砷(As)、钡(Ba)、镉(Cd)、铬(Cr)、铅(Pb)、汞(Hg)、硒(Se)等 8 种元素。世界各国的玩具安全标准中也通常仅对以上 8 种元素的含量进行限制。

大量的塑料、电动玩具都会使用油漆。而油漆本身是一种混合化学制品，会含可迁移重金属元素钡、汞、铅等有毒物质。儿童通过皮肤接触、眼睛接触、口含咀嚼甚至吞食玩具，会导致某些高浓度超标的微量元素进入体内，对儿童健康发育产生不良影响，在公开报道的案例中，铅含量超标占有很大的比例。特别典型的是美国美泰公司大量召回产自中国的“铅超标”玩具案（见下文召回案例 1），从一个侧面证明国际社会对中国制造产品质量安全的敏感及怀疑。

一、召回案例

1）召回产品-1：美国美泰公司召回“铅超标”玩具案

2007 年 8 月 2 日，美国美泰公司下属的费雪公司在没有伤害报告的情况下向美国消费品安全委员会提出自愿召回约 96.7 万件中国产“芝麻街”、“探险家多拉”等种类的塑胶玩具，原因是部分产品金属铅超标。

经国家质检总局核实玩具生产商为佛山市利达玩具有限公司，本次召回的主要原因是部分产品的油漆金属铅超标，而导致铅超标的原因是油漆供应商采用了假冒的无铅色粉加工油漆，并提供给利达公司使用。

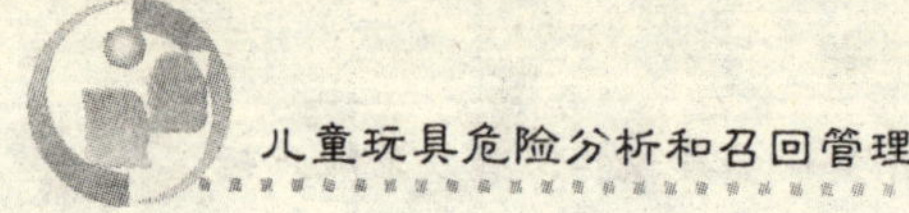

8月8日，佛山市利达玩具有限公司产品被有关主管部门暂停出口。

8月11日，该公司香港籍老板张某被发现在工厂仓库上吊身亡。

8月14日，美泰公司又公布了最新的召回事件，称因油漆铅超标问题和磁铁易被儿童吞食隐患，召回近1900万件中国产玩具。

2007年9月21日，国家质检总局局长李长江在北京会见了美国美泰有限公司全球业务行政副总裁迪汤姆一行。迪汤姆在会见时及在美泰公司随后发布的新闻通稿中均表示：因涂料含铅量超标原因在全球召回的玩具有220万件。美泰公司在含铅玩具召回中扩大了召回范围，其中可能包括了涂料含铅量未超过美国标准的玩具。随后的检验也证实了部分召回玩具符合美国标准。美泰公司在欧盟和其他国家召回的产品同样执行了相同的高标准，尽管其中部分产品可能符合当地的安全标准。迪汤姆说："对每个人都需要了解的重要一点是，绝大多数美泰召回的产品是因为美泰的设计缺陷，而不是因为中国制造厂商生产的问题。"

江苏经济报2007年11月2日报道：美泰公司的玩具被国际消费者协会第18次世界大会评为2007年度四大最差商品之一。该协会称：美泰公司起初让中国厂商背负产品不合格责任，后来才承认召回是因为产品存在设计缺陷，"这是推卸责任、并在全球范围内转嫁责任的典型案例"。

2）召回产品-2：儿童项链

发布时间：2004年12月

产品描述：召回的项链有的形状似青蛙、一张阳光脸和海豚等不同的设计。如悬挂的大奖章，系在黑的绳子上。

潜在危险：项链包含含量较高的铅。CPSC 规则，由于高含量的铅存在的毒害性，对于接触孩子的产品受到限制。项链也包含一个锋利的尖点，对年幼的孩子存在机械危险。

事件/损害：没收到。召回是为了防止可能性。

3）召回产品-3：金属饰品

发布时间：2005 年 3 月 3 日

数量：约 2 800 000 件

潜在危险：被回收的金属饰品中含铅量过高，会造成严重的铅中毒的危险。

事件/伤害：CPSC 已收到一个 6 岁女孩口含饰品的报告，被发现在血液中含有较高的铅元素，与含过的饰品有关。

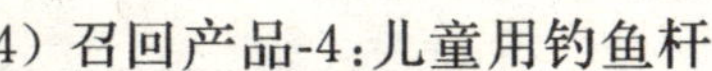

4）召回产品-4：儿童用钓鱼杆

发布时间：2005 年 4 月 13 日

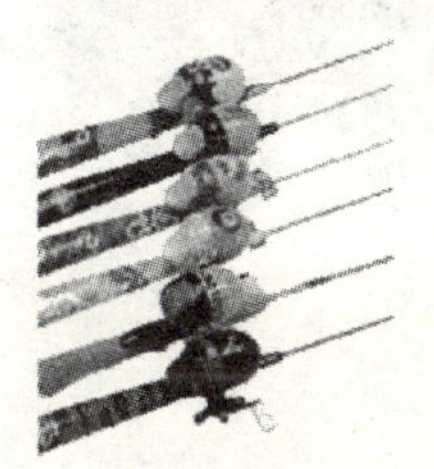

数量：约 150 万件

潜在危险：在这些钓鱼杆的涂料中含有铅，如果铅被儿童咽下将会对身体产生不利的影响。

5）召回产品-5：儿童用的钓鱼用具

发布时间：2005 年 6 月 17 日

数量：约 438 000 件

危害：在这些钓鱼杆的涂料中含有铅，如果有毒的铅被儿童吞咽将会产生对身体不利的影响。

事件/伤害:还没有收到涉及这些鱼杆造成伤害及疾病的报告。但这种自愿回收的行为是为了预防任何产生伤害的可能。

6) 召回产品-6:心形饰物

发布时间: 2005 年 5 月 12 日

数量:约 80 000 只

潜在危险:心形饰物上铅含量过高,会引起孩子铅中毒的危险。铅中毒会可能造成行动,学习,听力和生长发育出现问题。

7) 召回产品-7:婴儿床

发布时间: 2005 年 11 月 22 日

数量:约 335 张

危害:婴儿床用的油漆中铅含量过高,引起儿童铅中毒会可能造成行动,学习,听力和生长发育出现问题。

事件/伤害: 无

8) 召回产品-8:动物手电

发布时间: 2006 年 3 月 1 日

数量:约 20 800 个

潜在危险:被回收产品表面油漆铅含量过高,会引起儿童铅中毒。对儿童的健康有影响。

9) 召回产品-9:玩具木琴

发布时间:2006 年 3 月 17 日(香港海关)

潜在危险:经测试,该款玩具木琴物料释出可溶解元素的含铅量为最低 1500mg/kg,含铬量最低 270mg/kg。铅及铬的安全标准为 250mg/kg。该款玩具被评定为有高度危险性，可引致儿童中毒危险。

10）召回产品-10：玩具狗和猫

发布时间：2006 年 8 月 17 日

数量：大约 34 万件

产品描述：玩具约 3.75in(9.52cm)高，用可弯曲塑料做成。标签标注的产品型号 39/1461-K 和 39/1461-Comoros。玩具于 2006 年 1 月到 8 月放在图书馆由儿童自取。

潜在危险：柔性玩具的涂料中铅含量超标，这在联邦的法律下是禁止的，铅是有毒的，如果被小孩吞食可能会产生有害健康的影响。

措施：消费者应该立刻从孩子手中取走被通报的玩具并且将其丢弃。

11）召回产品-11：儿童手镯和项链

发布时间：2007 年 4 月 17 日

数量：约 900 000 件

潜在危险：物件的表面含有铅，铅是有毒的，若被儿童吸收可能会对健康产生不良影响。

12）召回产品-12：骰子/马蹄型戒指

发布时间：2007 年 5 月 2 日

数量：约 200

潜在危险：玩具模型的油漆中可能含有铅，铅是有毒的，若被儿童吞食可能会对健康产生不良影响。

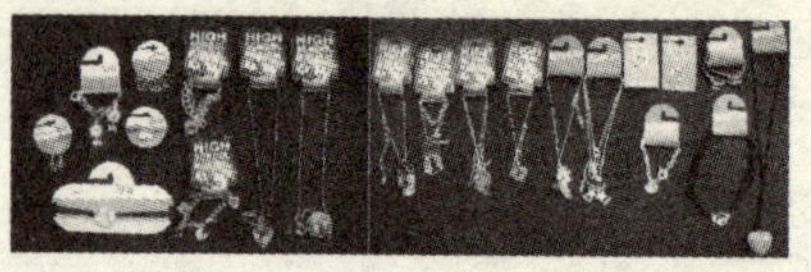

13）召回产品-13：儿童金属珠宝

发布时间：2007 年 5 月 31 日

数量：约 103 000 件

潜在危险：珠宝含有超标的铅，影响儿童健康。

14）召回产品-14：RC2 公司召回 150 万件玩具火车

发布时间：2007 年 6 月 13 日

数量：150 万件

潜在危险：这种木质小火车的涂漆含有可导致儿童中毒的金属铅。该产品由广东东莞某木业制品厂生产，该厂主要为美国 RC2 公司贴牌生产玩具。

销售情况：从 2005 年 1 月～2007 年 3 月生产并出口到美国。

措施：消费者要将相关玩具从小孩手中拿开，联系 RC2 公司换货。

15）召回产品-15：儿童首饰

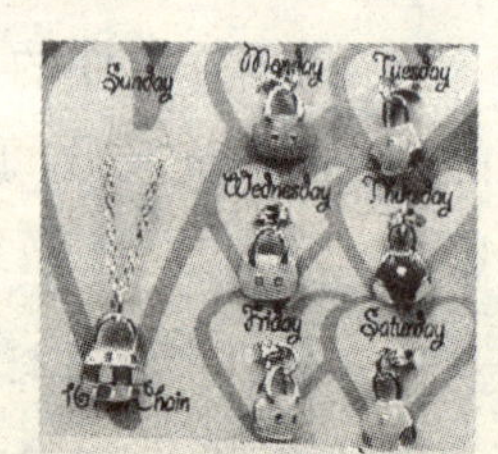

发布时间：2007 年 7 月 5 日

数量：约 20 000 件

潜在危险：召回的金属首饰中含铅量较高，铅是有毒的，若被儿童吞食可能会对健康产生不良影响。

16）召回产品-16："兵熊"牌玩具套装

发布时间：2007 年 7 月 18 日

数量：约 13 000 套(约 3 000 个玩具运输车在 2007 年 5 月 23

日被召回）

产品描述：召回涉及到配备了各种武器装备、车辆、动物、恐龙的玩具组合套装，产品包装表面印制了产品型号、通用产品代码以及“兵熊”的品牌标签。

潜在危险：玩具士兵、恐龙和动物等玩具模型表面的油漆中含铅量较高，铅是有毒的，若被儿童摄入可能会对健康产生恶劣影响。

事件/伤害报告：无

17）召回产品-17：玩具汽车

发布时间：2007 年 8 月 14 日

数量：约 253 000

销售：2007 年 5 月～8 月在全国零售商店出售，(7～20)美元。

潜在危险：玩具表面的油漆中含铅量超出联邦标准，铅是有毒的，若被儿童接触吸收可能会对健康产生不良影响。

措施：换货。

18）召回产品-18：儿童地址薄和笔记本

发布时间：2007 年 8 月 22 日

数量：250 000 本

销售：2006 年 6 月～2007 年 7 月在全国性零售商店出售，2 美元。

潜在危险：用于装订书本和杂志的螺旋

体表面的油漆含有超量的铅，违反了联邦含铅涂料禁令。如果被小孩吸收,铅会引起中毒,对健康造成不利影响。

措施:退款

19）召回产品-19:陀螺和提桶

发布时间:2007 年 8 月 22 日

数量:66 000 只陀螺和 4 700 只提桶

潜在危险:陀螺玩具顶部和提桶的红色木制把手的表面油漆铅含量超标 违反联邦标准规定。铅一旦被儿童吸收是有毒的并对健康产生不利影响。

措施:退款或更换玩具。

20）召回产品-20:鸭子玩具浇水器

发布时间:2007 年 8 月 28 日

数量:6 000

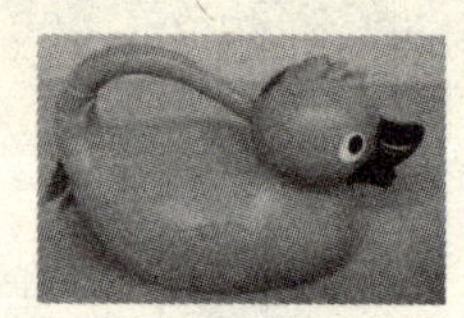

潜在危险:鸭子嘴的表面油漆含铅,违反联邦标准规定。铅一旦被儿童摄入是有毒的并对健康产生不利影响。

措施:全额退款。

21）召回产品-21:火车头玩具

发布时间:2007 年 9 月 4 日

数量:90 000

销售:2006 年 9 月～2007 年 8 月在全美零售商店出售,3～16 美元。

潜在危险:玩具的表面油漆含有超标的铅。

22）召回产品-22：多种宠物和套装配件玩具

发布时间：2007 年 9 月 4 日

数量：675 000

潜在危险：玩具表面含有超标的铅，这是联邦法律所禁止的。

二、相关标准

GB 6675—2003《国家玩具技术安全规范》（摘录）

附录 C（规范性附录）特定元素的迁移

C.1　范围

C.1.2　附录 C 适用的玩具材料和玩具部件

附录 C 要求包括下列玩具材料和玩具部件中可迁移元素的最大限量：

——油漆、清漆、生漆、油墨、聚合物涂层和类似的涂层；

——聚合物和类似材料，包括不论是否有纺织物增强的层压材料，但不包括其他纺织物；

——最大质量不超过 400g/m^2 的纸和纸板；

——天然或合成织物；

——玻璃/陶瓷/金属材料，用于电气连接的铅焊剂除外；

——其他可浸染色材料，不管是否被浸染色（如木材、纤维板、硬质板、骨头和皮革）；

——会留下痕迹的材料(如铅笔中的石墨材料和钢笔中的液体墨水);

——软性造型材料,包括造型黏土和凝胶;

——用在玩具中的颜料,包括指画颜料、清漆、生漆、釉质粉及呈固态状或液态状的其他类似材料。

C.4.1 具体要求

第C.1章所列的玩具和玩具部件应符合附录C要求,当按第C.7、C.8、C.9章进行测试时,玩具和玩具中可迁移元素的测试结果的校正值应符合表C.1中的最大限量的规定。

表C.1 玩具材料中可迁移元素的最大限量

玩具材料	元素 (mg/kg)							
	锑 Sb	砷 As	钡 Ba	镉 Cd	铬 Cr	铅 Pb	汞 Hg	硒 Se
标准第C.1章范围中规定的材料(除以下)	60	25	1 000	75	60	90	60	500
造型黏土和指画颜料	60	25	250	50	25	90	25	500

美国国家标准 ASTM F963-07《标准消费者安全规范:玩具安全》(摘录)

4 安全要求

4.3.5 油漆和类似的表面涂层材料—用于玩具的油漆和其他类似的表面涂层材料必须符合根据消费者产品安全条例(CPSA)颁发的关于铅含量的规定16 CFR 1303(编者注:《含铅油漆和某些含铅油消费品的禁令》)。

4.3.5.1 本规定禁止使用铅含量(计算成金属Pb)超过油漆总的非挥发性质量或干油漆膜质量的0.06%(600×10^{-6})的含铅或铅

化物的油漆或类似的表面涂层。

4.3.5.2 此外，表面涂层材料中锑、砷、钡、镉、铬、铅、汞和硒的化合物中可溶物质的金属含量与其固体(包括颜料和膜固化材料和干燥剂)质量的比不应超过表1所给出的相应数值。在将分析结果与表1中的值比较，确定符合性之前，应将它们根据8.3.4.3中的测试方法进行调整。可溶性含量必须按照8.3的规定，通过溶解固体物质(包括颜料，膜固化材料和干燥剂的干燥膜)进行测定。

表1 可转移元素的最高可溶含量玩具材料

元素	铅(Pb)	砷(As)	锑(Sb)	钡(Ba)	镉(Cd)	铬(Cr)	汞(Hg)	硒(Se)
含量/(mg/kg)	90	25	60	1 000	75	60	60	500

从以上我国和美国标准的对比可以看出，关于重金属元素的标准限量要求两国的标准是一致的。

三、防范建议

用于玩具的颜料可能含高量的铅而引致儿童的肾脏受损害；慎购色彩鲜艳的玩具，尽量不要让儿童抱着玩具睡觉；教会孩子在玩耍玩具后要洗手再拿东西吃等。

第二节 有毒化合物和其他有毒化学元素

玩具中常见的对人体健康产生影响的主要有机化学化合物包

括:耐火材料颜料、初级芳香胺单体结构、溶剂(吸入溶剂和迁移溶剂)、可塑剂、防腐剂等。曾经有国内某厂使用廉价的PV革做玩具的外套,因遇高温其释放出的有害气体和重金属元素大大超过进口国标准的规定,被进口国相关机构勒令就地销毁,并对进口商实施处罚。

根据欧盟“关于统一各成员国有关限制销售和使用某些有害物质和制品的法律法规和管理条例的理事会指令”(76/769/EEC)和相关专门指令,有超过132种的化学物质列入控制使用名单。如多氯联苯、禁用偶氮染料、阻燃剂、五氯苯酚等,并有计划在PVC塑料中全面禁止使用包括邻苯二甲酸酯在内的增塑剂。

根据欧盟关于在电气电子设备中限制使用某些有害物质指令(2002/95/EC),2006年7月1日起,所有在欧盟市场出售的电玩具不得使用聚溴二苯醚和聚溴联苯等有害物质,应当引起我国玩具制造商的关注。

一、伤害案例

1) 河南张女士投诉,在给自己三岁半的儿子购买了一款“奥特曼”的玩具后没几天,小孩的眼睛莫名其妙地肿起来了。经医院确认是受到毒性物质的刺激造成的。检查所购的玩具,有一股刺鼻的味道。专家认为,刺鼻的气味,极可能是由甲醛引发的,会直接危害到儿童的健康。

2) 在2005年11月某单位举行的年会上,一款娃娃玩具作为礼物发给了大家。

某人将玩具带回家后,女儿非常喜欢,简直爱不释手。不多久就全身过敏了,涂了家里备用的过敏药后不多久就好了。睡前孩子还要抱着娃娃,结果又过敏了,当然用药后就好了。第二天小女孩一起床就嚷着要娃娃，还是发生了同样的事情。连续三次后使孩子的家长想到可能是娃娃的原因，此后就没让孩子再玩这个娃娃。

作为活动玩具赞助商的某知名外国玩具公司的联系人表示：作为拥有50多年历史的欧洲顶尖玩具制造集团、旗下拥有多个超过百年历史的世界知名玩具品牌的专业玩具制造厂商，所有产品均经过达到欧洲最高玩具制造标准的检测，目前在中国市场销售的所有玩具，均经过严格的质量检测。经中国进出口商品检验检疫局上海进出口玩具检测中心对这个娃娃的测试报告也是没有问题的。

医学界认为，过敏的原因非常复杂。在此事件中，因玩具致敏的可能性比较大。玩具产品检测合格和该玩具是否是该女孩的过敏源之间没有必然的排除关系。生产企业应当避免在玩具制造中使用致敏性物质，并对某些特定成分进行说明，对使用可能致敏材料的玩具应当加上警示说明。

二、抽查情况

深圳市2006年、北京市2007年度抽查儿童玩具、服装等儿童消费品专项监督抽查公布的结果均发现儿童服装存在pH值超标的情况。pH值不合格产生的主要原因是在面料的后处理过程中没有漂洗充分，从而使面料的酸碱度超标。婴幼儿类纺织品和直接接触皮肤的纺织品pH值应当在标准规定的范围。人体皮肤呈弱酸性，以防止病菌的侵入，因此纺织品的pH值（酸碱性）在微酸性和中性之间有利于人体的保护。如果纺织品中pH值过高或过低，都会破坏皮肤的平衡和抵抗能力，从而引起皮肤过敏或诱发感染。

下表是抽查中 pH 值超标的统计：

地点	时间	抽查批次	单项不合格	不合格比率
深圳市	2006 年	40	5	12.5%
福建省	2007 年	15	4	26.7%

广东省工商局 2007 年第 2 季度流通领域儿童服装抽查结果销售较集中的深圳、汕头两市的 9 家主要商场、超市销售的针织儿童服装 41 批次，各检验项目合格率如下：

序号	检验项目	抽查批次	不合格批次	合格率/%
1	标识	41	8	80.5
2	pH 值	41	6	85.4
3	可分解芳香胺染料	41	3	92.7
4	甲醛	41	2	95.1
5	纤维含量(成分含量)、色牢度	41	0	100

三、召回案例

1）召回产品-1：电动玩具

发布时间：2006 年 1 月 4 日(德国)

德联邦消费者保护与食品安全局向欧盟通报，电动玩具圣尼古拉人物造型(Nikolausfigur，elektrisches Spielzeug)含禁用偶氮染料，不符合有关健康标准。检测结果表明，圣尼古拉的织物腰带含禁用偶氮染料联苯胺 900mg/kg。

2）召回产品-2：深蓝色全棉男童三角裤

发布时间：2006 年 8 月 14 日(欧盟/斯洛伐克)

潜在危险：检测结果表明，三角裤含可致癌芳香胺 3，3-二甲氧基二胺基联苯 144mg/kg 和甲醛 23.5mg/kg。不符合有关健康标准。该警告是根据欧盟 2001/95/EG、2002/61/EG 一般产品安全条例和斯洛伐克纺织品相关标准等规定发出的。

3）召回产品-3：婴儿用饮水杯

发布时间：2005 年 2 月 17 日

数量：约 720 个

潜在危险：杯子中有一个装有石油精华的容器，这种液体可以渗透到杯子外面接触到使用者，而造成中毒的危险。

事件/伤害：已接到石油精华从杯子底部溢出的报告，没有伤害的报告。

4）召回产品-4：闪耀交响乐转转乐婴儿床玩具

发布时间：2003 年 6 月 26 日（香港海关）

数量：在美国出售的产品共有 233 000 件，其余 170 000 件全球发行

产品描述：是设于围栏旁边的婴儿床玩具，挂满四款星星及月亮图案，一经遥控器启动后便会播放音乐及闪灯效果，售价约为港币 299.9 元。

潜在危险：婴儿床玩具的电池存放器，可能会导致电池液体出现渗漏情况。电池内含的腐蚀性液体一旦渗出存放器，或会引致用户受到化学品灼伤。1999 年 10 月～2000 年 11 月期间生产的 400 000 件用户若把家用电池错误安装于产品内，或让用完的旧电池遗留于产品内，可能会引致电池出现过热或龟裂的情况。上述期间以后生产的 Sparkling Symphony Mobile 的电池存放器，一律装有发泡胶封条，不受此次安全警告影响。

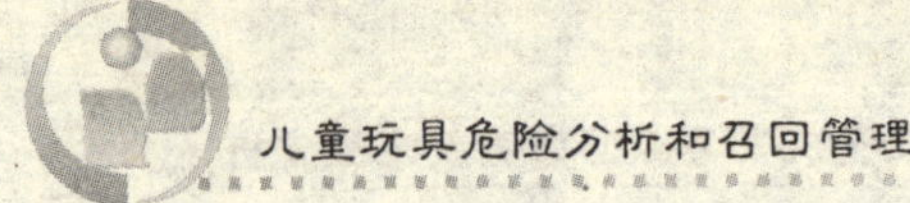

措施:供应商呼吁持有2000年12月前生产的闪耀交响乐转转乐婴儿床玩具的消费者,即时停用该产品,直至电池存放器装有发泡胶封条为止。消费者可致电供应商热线免费索取修正工具包,内附专为电池存放器而设的发泡胶封条,能防止电池液体外漏。

5)召回产品-5:臭屁弹玩具

发布时间:2004年12月21日(香港海关)

产品描述:上述玩具是以一个细小的银色金属袋包装,袋内载有硫磺化合物粉末及一个装载稀释酸的小胶袋。根据袋面的说明,玩者只要挤压金属袋以弄穿内藏的胶袋,硫磺化合物粉末便会与稀释酸混和。两种化学品混合后,产生的化学作用使金属袋膨胀,继而爆裂并发出臭味,同时会释放出含最多20mg硫化氢。

潜在危险:经海关从市面一些零售店取得该款臭屁弹玩具的样本供政府化验所化验和征询卫生署及政府化验所的意见,海关确定该款玩具未能符合法例中有关的安全规定。该玩具含有一种水溶性硫磺化合物与稀释酸,在玩耍时,两者混和后,可释放硫化氢。硫化氢可能令人感到烦厌及不适,包括作闷作呕、头痛、刺鼻及刺眼等。而其严重程度则取决于空气中的硫化氢的浓度。暴露于高浓度的硫化氢可引致急性中毒。由世界卫生组织建议用0.1mg/m^{3}作为空气中硫化氢含量的上限以保障公众健康。由于儿童在使用该臭屁弹玩具时会在不知不觉间吸入硫化氢,对身体造成伤害,故该玩具具有潜在的高度危险性。

措施:海关呼吁家长阻止儿童玩该款臭屁弹玩具和向政府部

门报告处理。

6）召回产品-6:玩具手表

发布时间:2005 年 8 月 17 日

数量:约 50 400 只

潜在危险:手表的表带含有石油精华,如果表带被刺开会泄露。石油精华如果吞下会有中毒的危险,而且接触到皮肤或眼睛会引起疼痛。

事件/伤害:已收到一份 2 岁儿童在刺开表带后吞下石油精华,这名儿童的嘴和喉咙已受伤。

7）召回产品-7:发光的眼球

发布时间:2007 年 6 月 7 日

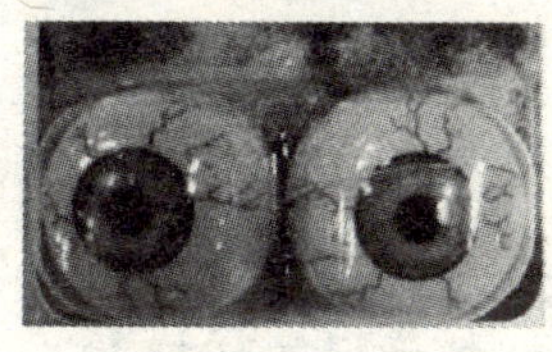

数量:约 500 付

潜在危险:塑胶眼球含有煤油,如果破损会对儿童产生化学危害。

销售:玩具店和新奇特商品商店在 2006 年 7 月期间销售。

措施:消费者应立即将玩具从小孩身边拿开,并到商店退货获得全额退款。

8）召回产品-8:围兜

发布时间:2007 年 8 月 10 日(欧盟/捷克)

产品描述:该围兜主要由 PVC 印花塑料制成,配有浅蓝色的包边。

潜在危险:由于该塑料围兜中,邻苯二甲酸二异辛酯(DEHP)的含量高达 19.2%(欧盟

的最高限值为 0.1%)，有致儿童化学中毒的危险。

编者说明：邻苯二甲酸二异辛酯是塑料增塑剂的一种。

9）召回产品-9：加勒比海盗塑料玩具剑

发布时间：2007 年 8 月 31 日(欧盟/挪威)

产品描述：该玩具剑长 67cm，同时，配赠 1 本儿童杂志。

潜在危险：玩具剑中含有不稳定的有机化学成分——环已酮(含量 100mg/kg～1000mg/kg)、二甲苯(10mg/kg～100mg/kg)、C_3-烷基苯(10mg/kg～100mg/kg)、甲苯、甲基异丁基酮及碳氢化合物等，一旦挥发，可能因皮肤接触而引起过敏反应或因吸入而引起化学中毒的危险。该产品不符合欧盟的玩具指令及欧盟的相关标准 EN71-9。

四、相关规定

GB 18401—2003《国家纺织品基本安全技术规范》(摘录)

婴幼儿纺织品(尿布、尿裤、内衣、围嘴儿、睡衣、手套等)的甲醛含量不得超过 20mg/kg，规定 A 类婴幼儿用品和 B 类直接接触皮肤的产品 pH 值应为 4.0～7.5。

GB 19865—2005《电玩具的安全》(摘录)

14.14 玩具不应含有石棉。

欧盟关于邻苯二甲酸酯增塑剂指令 1999/815/EC(摘录)

适用范围：所有包含塑料件的玩具及其他儿童用品。

摘要：在欧盟成员国范围内，3 岁以下儿童使用的与口接触的玩具及儿童用品所使用塑料中的邻苯二甲酸酯增塑剂的含量不得超过其塑料部件的 0.1%。具体包括以下 6 种物质：

a) 邻苯二甲酸二异辛酯，DEHP；

b) 邻苯二甲酸二辛酯，DNOP；

c) 邻苯二甲酸丁苄酯，BBP；

d) 邻苯二甲酸二丁酯，DBP；

e) 邻苯二甲酸二异壬酯，DINP；

f) 邻苯二甲酸二异癸酯，DIDP。

五、防范建议

儿童受到有毒化合物的伤害一般会表现为致敏、发疹、气喘等反应。如不及时治疗将会造成不可逆转的伤害，如染色体异常、抵抗力下降等。对于儿童的玩耍过程中表现出的不适，家长们应当保持谨慎的态度。最好及时将玩具从儿童身边拿开并向医生咨询。如有必要，应向生产企业进行查询，生产厂应当予以答复。

因人的体质的差异，有些儿童天生对一些物质过敏，严重的会引起哮喘和呼吸道感染等。

一般情况下，判断玩具和儿童过敏是否存在因果关系可参考下列因素进行评判：

有明确的儿童玩具接触史；

如再次使用该儿童玩具有相同的过敏反应；

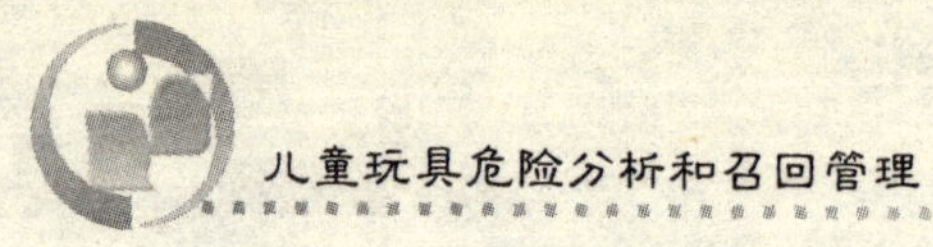

过敏反应主要发生在手、臂等与儿童玩具的接触部位；

当停止接触该儿童玩具后过敏性反应减轻甚至消退；

因其他原因引进儿童过敏的发生情况；

进行实验室检验和开展皮肤斑贴试验的结果（通常不建议使用）。

第三节　生物性危险

玩具的生物性危险是近几年来才被人们所重视的。

通常所称的生物性危险包括儿童玩具含有致病微生物、传染病媒介物，来自昆虫、鸟类和啮齿类动物的不卫生物质等。这些因素都会直接导致儿童受到感染侵害。

有一些厂家为了节省原材料，降低生产成本，往布娃娃里填充的是边角废料，甚至本身就是有毒、有菌的东西。这样的玩具会传播病菌给孩子，影响儿童身体健康。最普遍的病例就是玩具上的病菌导致儿童拉肚子、肺部感染。

据报道，广州一女童因玩耍填充了不洁填充物的毛绒玩具，身染淋病，几经反复，身心遭受巨大伤害。

一、召回案例

1）召回产品-1：The First Years 水形婴儿牙胶

发布时间：2006 年 1 月 28 日，香港

产品型号：＃Y1473

基于有牙胶产品内的液体受到细菌污染，The First Years 宣布自愿回收旗下 6 款婴儿牙胶。在美国，The First Years 联同美国食物及药物管理局（FDA）于 2006 年 1 月 28 日宣布厂商自愿回收 6 款受影响的产品。牙胶内的液体可能含有绿脓杆菌和恶臭假单

胞菌，若婴儿不慎咬破牙胶，咽下受感染的液体，很可能因此感染严重病症。

在香港，只有其中1款受影响牙胶为（The First Years 动物形状/鱼、斑马、恐龙设计）水形婴儿牙胶（型号＃ Y 1473）曾在2005年11月～2006年1月期间在港发售。至今 The First Years 表示暂时没有收到有关该产品的意外报告。

为免发生意外，The First Years 呼吁家长暂停让儿童使用受影响牙胶。消费者可将受影响的牙胶用胶袋封好，连同回邮地址，寄回指定地址，换取新牙胶和礼品。

2）召回产品-2："高贵的化妆品"

资料来源：欧盟非食品快速预警系统（西班牙）

发布时间：2006年5月12日

产品描述：一套新奇的化妆品（玩具）——"杰弗里"

潜在危险：微生物危险。该产品的嗜温需氧微生物数目是13 000ufc/g，霉菌和酵母菌数目是7 900 ufc/g。该产品不符合化妆品指令、玩具指令和西班牙国家标准。

措施：主管部门命令禁止进口该产品。

二、相关标准

GB 6675—2003《国家玩具技术安全规范》（摘录）

4.1　机械和物理性能

4.1.3　材料

a）所有材料应清洁干净、无污染。

三、防范建议

为防止儿童玩具中此类危险因素对儿童的不利影响，生产企业在生产玩具时必须采用全新或经消毒的原材料、配件和填充料，改进包装工艺，加强产品运输和营销过程的保洁管理；家长们应当在选购玩具时注意查验产品的包装是否完好无损，是否受到污染。不要贪图便宜在地摊上购买来路不明的处理玩具。定期清洗玩具等。

第四章

烧伤、烫伤和其他危险

此类危险主要表现为四种形式：因玩具自身因素温度上升超过燃点而引起火灾事件；因玩具不具备相当程度的阻燃性能使得在火灾环境中儿童没有充分的获救时间；因玩具自身温度过高造成儿童接触性烫伤；电击或电灼伤等。

第一节 火灾、烫伤危险

因玩具高温或燃烧引起的儿童伤害事故并不多见。但事故一旦发生，其后果是严重的。

通常的要求包括：禁止用易燃材料制造玩具；软体填充玩具材料具有规定的阻燃性能；电动玩具以及在使用中会发热玩具的温度能得到控制。

一、易导致伤害的重点物品

专供儿童做游戏和打扮角色用的游戏服，诸如护士、驾驶员、邮递员等服装；

专供儿童搂抱的用纺织物或毛绒材料制成的玩具；

专供儿童使用的胡须、假发、面具等头饰玩具；

可以容纳儿童进入的活动房、游戏城堡、儿童帐篷；

其他发热玩具等。

二、场景实录

2007 年 8 月 27 日上午 10 时，国务院新闻办公室新闻发布会。

中国国际广播电台记者：日前有消息称有两名新西兰儿童因为身穿中国产的睡衣而受伤，您是否介绍一下有关的情况。

国家质量监督检验检疫总局局长李长江：前不久新西兰有家媒体报道了新西兰两名儿童穿着中国制造的睡衣引起了燃烧，使两名儿童受了伤。得到这个信息之后，我们高度重视，马上对中国出口的有关服装产品进行了相关性能的测试，经过测试，中国出口的相关服装产品，低火灾危险的标准还有甲醛含量的标准都是合格的。24 日，我们收到了新西兰有关方面的信息，这个事件发生以后，新西兰的政府非常重视，新西兰的商业委员会紧急进行了调查，而且是在新西兰的独立实验室进行的实验，实验的结果中国出口的这种儿童睡衣的紧身设计的标准和抵御火灾危险的标准完全符合新西兰的标准。

三、召回案例

1）召回产品-1：英早教中心召回演出用麦克风[2]

产品描述

这是一种用于 4 岁以上孩子的麦克风。需要 4 节电池或一个电源变压器来供电。零售价为 20 英镑。

潜在危险

麦克风有一个电路板，由于使用焊料在两个元件之间形成跨

---

[2] 摘自英《消费品召回手册——实用指南》

接，在某些情况下会发生短路。其危险在于，在最坏的情况下，使用后如果玩具被污染，其基柄处会有火烧到儿童的手。

缺陷调查

1999 年 1 月 4 日，有一位顾客将一个麦克风退回到商店，因为基柄处变得非常热，塑料已经变形了。在早教中心的内部热线将顾客意见和投诉反馈到公司总部后，技术经理立即调查任何相关的安全问题。

技术经理检查了退回的麦克风和仓库中存放的部分麦克风，找到了导致问题的原因。然后他将此事通知了生产商，并要求生产商迅速确定有多少产品受到了影响，以及他们向早教中心供货的时间。

随后组成了一个行动小组来处理这个问题；该小组中包括营销总监和负责采购的人员，以及负责外部沟通的员工。行动小组每天碰面，直到与商店实现了沟通，并且每天向董事会报告进展。技术经理也与其他零售商联系，以确定他们是否意识到了这个问题。一年前，曾发现过另一次较小的事故，导致进行了一次修改。

生产商披露说由于需求较大，他们曾经向两个电路板供应商进行过采购。因为之前的事故，麦克风的生产商意识到电路板可能存在缺陷，修改了电路板的设计。但是，在应早教中心的麦克风需求向其提供优质电路板时，他们向新客户提供了设计未经修改的这种存在潜在缺陷的电路板。当时向其他零售商提供的麦克风都使用了经过修改的电路板。

不可能确定每个麦克风中究竟安装了哪种电路板，在 1998 年向早教中心提供的 25 000 个麦克风中，其中 16 000 个使用了经过修改的电路板。早教中心在至圣诞节前共售出 8 000 个，圣诞节期间共售出 17 000 个。1999 年 1 月，库存有超过一批数量的麦克风，

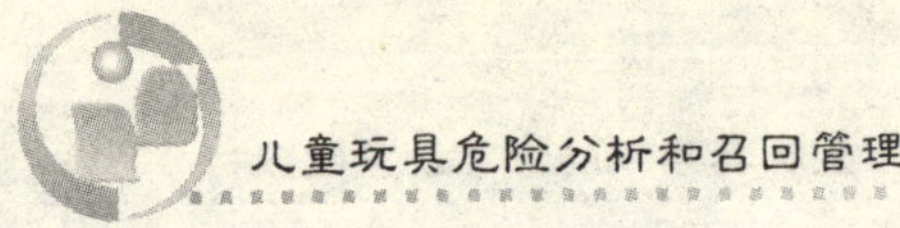

其中一部分存货属于受影响的一批。但是,无法知道究竟向哪些商场提供了受影响的产品。

召回决定

1999 年 1 月 7 日,做出了撤回在售产品的决定,通过柜台将信息自上而下传达到了商店。

1999 年 1 月 12 日,做出了召回产品的决定。由技术经理向行动小组提出建议,但是最后的决定必须得到至少两位董事会成员的支持。作为一项支持性措施,在商店建立了质量预警,这样可以及时通知问题主管人员,并将仓库内的任何未售存货返回。行动小组的人员旨在针对商店的分销建立一个召回一揽子计划,并于 1 月 15 日星期五准备好了媒体信息。

召回信息通告

向潜在的产品拥有者通告召回信息。

在商店里做广告,包括海外的特许专营店。

向所有通过邮件购买具有潜在不安全批号麦克风的购买者致函,大致说明了所出现的问题,并要求他们将产品退回。他们可以到商场退货或通过邮局按邮寄费付讫邮件退货。他们会收到与麦克风价格相同的退款以及他们购买商品时所花费的运费。

当时新的春/夏货品目录已经准备好了,因此在寄给邮件订购数据库的 300 000 份目录中插入了一张纸片,向那些潜在用户提出警告,并通知他们产品已被召回。同时也说明直到有新的库存时才能买到产品,尽管当时可以下订单。

准备了一份新闻声明,并发给了新闻社。这则声明被寄给了一家全国性的报纸以及大约 20 家地方报纸。所有这些报纸都就该产品的潜在危险做了一个特写,并没有以耸人听闻或误报的方式通告信息。

早教中心也为他们的“双亲”组织和其他机构准备了一些信息。

消费者需要做什么

召回信息告诉消费者，将他们的产品退回到商店，他们会得到全额退款。他们不必提供收据，因此任何作为礼品收到的物品也可以很容易被退回。如果他们同时还购买了任何电池和/或变压器，他们也可以得到相应的退款。如果他们无法将物品退回商场，则会提供一份邮寄的付款标识。召回通告中打印有电话号码，以备消费者咨询任何进一步的问题。

如果麦克风与变压器一起使用时是安全的。但是，给出这种信息被认为会导致消费者混淆，并且限制任何进一步的潜在问题。早教中心认为最好的方法是无论消费者以何种方法使用麦克风，都要尽力收回尽可能多的产品。如果消费者提出与变压器共同使用方面的咨询，也会鼓励其将产品退回。

商店中的召回信息(1 月 22 日传达到商店的召回一揽子计划)：

① 详细解释所发生的事情，以及管理人员向员工下达简令的方法。

② 在橱窗和货柜区张贴 2×A3 的海报。

③ 关于海报张贴位置的计划。

④ 质量通告。

⑤ 用于消费者的有关质询的问答表。

⑥ 给商店经理的退货收据以便退货，并表明他们收到并实施了一揽子计划。

召回计划持续了 3 个月，这段时间包括了促销期和复活节期间的重要学校假期。海报中含有消费者需要的以下信息：

① 识别产品(描述,名称,参考,标志,图片)。

② 出现了什么问题(缺陷的鉴定)。

③ 大致时间段(产品的销售时间)。

④ 危害和风险。

⑤ 再保险。

⑥ 该如何做。

⑦ 致歉。

⑧ 热线服务电话号码。

监控召回的实施

开始几周每周有 400～500 件产品被退回。

到了第 10 周(3 月末)仅有几十件产品退回。

那些消费者认为有问题的产品(总共不到 10 件)与监控流程中退回的大部分产品被分隔放置。

受到潜在影响的产品的 35%(大约 8 700 个麦克风)被退回了早教中心。退货水平被认为是可以接受的,超过了其他公司实施类似召回达到的召回率。重新评估认为市场的风险水平变得非常低,因而结束了召回过程。

重新发布产品的决定

重新发布产品的建议由行动小组提出,得到了董事会的批准后才决定的。

开始实施召回后很快就有了新产品库存。但是,直到 3 月 29 日才在商店中重新发布了产品。商店中的新产品上都用标签做了清晰地标识,可以使人们一目了然地明白这些产品没有问题。同时也取消了商店中的召回公告。产品重新发布后,未收到任何与该问题有关的进一步投诉。

针对产品重新发布后消费者可能提出的任何问题，准备了一份新的问答表。

处理退回的产品

所有退回的产品都由早教中心送回到了生产商。由生产商决定是更换电路板还是销毁产品。

海外的特许经销商按照通告销毁了他们收到的退货产品。

花费有多高

海报制作费，不包括内部提供的图纸，500 份海报花了 400 英镑。

制作公告，包括产品目录成本共 1700 英镑。

向邮购订货人制作和邮寄信件花费了 400 英镑。

所有上述制作成本都由生产商提供，同时包括召回过程的管理费用。退货产品的成本价格也由生产商提供。

从此次召回中吸取的经验

- 公司内部通过互联网进行沟通可以快速地将消费者的意见和投诉反馈到公司总部，高级管理人员收到之后，很快会处理任何潜在的安全性问题。
- 通过柜台“自上而下”会达召回信息可以在调查问题和决策过程中快速将产品撤回。
- 生产商拥有产品数量和供货时间方面的信息可以使其准备地确定风险的大小。
- 公司拥有顾客光临商店的次数的准确信息。他们知道许多在圣诞节前购买产品的人们在 1 月份的促销期间还会光临。
- 召回的花费要有很高的成本效益。主要精力放在与通过邮件订购的已知的产品拥有者、邮件订购数据库中的潜在用户以及

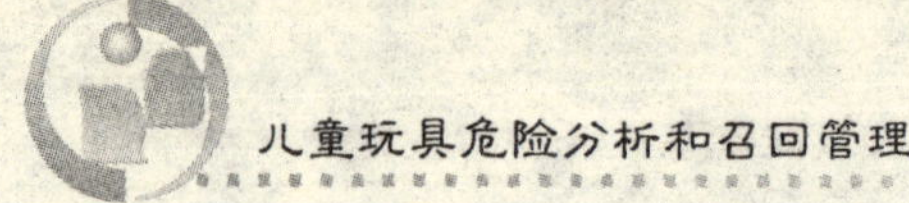

曾光临商店的潜在用户联系上。给新闻社发送新闻稿意味着事件会在多家地方报纸和一家全国性报纸上刊出，这样可能会联系到那些通过其他方法未联系到的用户。

• 通过商店的经理人员告知所有其店员有关召回的事宜，并就可能的问题给出预先准备好的答案。

• 召回公告要足够大(A3)，并且要张贴在商店橱窗和柜台的显著位置。公告的内容要清晰易懂。

• 所做的所有工作都要便于消费者退回产品。可以退回商店或通过预付邮包寄回。给予全额退款，包括邮件订购费、所提供的任何电池和/或变压器的费用。提供一个免费电话号码以备有关其他问题的咨询。

• 与生产商签订的协议中要使其意识到如果发生召回，成本由他们承担。

• 监控退货过程可以随着召回的进展重新评估危害和风险的大小，并且可以根据这些准确的数据决定何时结束召回。

2）召回产品-2：科技猫工具箱

发布时间：2006 年 8 月 22 日

产品描述：包括电学、电磁学和光学实验的成套装备，放在一个在前面有塑料窗和打开的门的盒子里。

销售：教育的商店和全国性的书店和网上销售。从 2004 年 7 月～2006 年 5 月。

潜在危险：在科技猫内的电池盒可能会过热，带来烧伤危险。

事件/伤害报告：已经收到一份电池盒过热的报告，其中导致了一个小男孩轻微烧伤手指的报告。

措施：消费者应该立刻停止使用并且退货到指定地点或学校并领取补偿。

3）召回产品-3:壁炉型蜡烛玩具

发布时间:2006 年 5 月 30 日

数量:78 500 件

销售:在美销售日期为 2003 年 9 月～2006 年 4 月,销售价格:8 美元。

存在危险:蜡烛会点燃它的壁炉外壳,引起火灾。

伤亡报告:已经有两例引燃壁炉的报告,但无财产损失和人员伤亡。

4）召回产品-4:无线电控制飞机

产品数量:约 7 500

发布时间:2006 年 8 月 22 日

产品描述:无线电控制的轻型玩具飞机主体由泡沫塑料制成。机身预先装有蓄电池,驱动机翼上的螺旋桨。

潜在危险:包装在玩具飞机里面的蓄电池可能会过热,给孩子带来灼伤的危险。

产品销售时间:2006 年 4 月～2006 年 6 月

销售价格:大约 40 美元。

事件/伤害报告:已经收到 15 份玩具飞机蓄电池过热的报告,其中包括两例轻微灼伤的报告。

措施:停用和换货。

5）召回产品-5:电池驱动乘骑车

发布时间:2005 年 10 月 27 日

数量:141 000

潜在危险:可乘骑车辆的电路板和/或电池连接器可能出现电的故障,引起冒烟和零件融化。如果故障造成零件间接触将导致车辆着火或对消费者造成烧伤的危险。

事件/伤害:已收到 49 份乘骑车辆上零件热度过高或融化的报告。没有伤害的报告。

6）召回产品-6:简易烤箱玩具

发布时间:2007 年 7 月 19 日

数量:约 1 000 000

潜在危险:儿童可能把手从烤箱口伸进去,造成手或者手指被卡或者烧伤。

事件/伤害报告:自从二月份的报告之后,已经收到 249 份儿童手或手指被卡住的报告,包括 77 份烧伤报告,其中有 17 例被确定为二至三级烧伤,还收到一份 5 岁女孩由于手指严重烧伤而截肢的报告。

编者说明,以下是产品防火性能不合格而引起的产品召回。

7）召回产品-7:女孩休闲裤

发布时间:2006 年 8 月 9 日

数量：48 000

经销商：Quiksilver 公司

产品描述：产品为 7～14 岁女孩和男孩穿着的家常便服，印有格子花或迷彩图案。腰带为松紧带。

潜在危险：这些休闲裤子不符合儿童睡衣阻燃的标准，造成潜在的烧伤危险。

8）召回产品-8：儿童浴衣

发布时间：2006 年 9 月 19 日

产品数量：约 740 件

潜在危险：这些浴衣不符合儿童睡衣裤阻燃性标准，存在烧伤的危险。

事件/伤害报告：无伤害和事件报道。

措施：消费者立即停止使用并到任何一家专卖店获得全额退款。

四、相关标准

GB 6675—2003《国家玩具技术安全规范》（摘录）

4.1　机械和物理性能

4.1.23　热源玩具

在满负荷输入进行温升测试时，带热源的玩具不应被点燃；手柄、按钮和类似部件的温升不应超过相应规定值；玩具及其他可触及部件的温升不应超过相应规定值。

4.2　燃烧性能

4.2.1.4　化装服饰

如果火焰蔓延速度在10mm/s与30mm/s之间，则玩具及包装上都应设警示说明："警告：切勿近火"

4.2.1.5　供儿童进入的玩具

如果火焰蔓延速度在10mm/s与30mm/s之间，则玩具及包装上都应设警示说明："警告：切勿近火"

GB 14749《婴儿学步车安全要求》(摘录)

4.9　燃烧性能

婴儿学步车所使用的纺织物不应产生表面闪烁效应，且应在其表面设置永久性警示说明：

"警示！切勿近火"。

GB 14748—2006《儿童推车安全要求》(摘录)

4.3　燃烧性能

儿童推车所使用的纺织物不应产生表面闪烁效应。且应在其表面设置永久性警示说明："警示：切勿近火"。

五、防范建议

烧伤、烫伤造成的伤痕难以愈合。其给儿童带来的心灵伤害甚于肉体。因此每一个成年人都有义务防止此类伤害的发生。

生产企业要按照标准的规定选用符合要求的阻燃材料，严格产品检验；在日常生活中，家长们要加强对热源、火源的看护和管理。不要让儿童接近明火及相关物品，如火柴、打火机等。

第二节　其他伤害危险

一、电击危险

1. 危险描述

在高架电线附近或打雷闪电时使用玩具风筝和其他有绳线的飞行玩具，极易造成儿童电击伤害。

电驱动玩具的裸露元件也会对儿童产生电击作用。

对于玩具电性能的是否安全的测试项目包括：标识和说明、输入功率、温升和非正常操作、电气强度、爬电距离和电气间隙、抗湿性、耐热和耐燃、机械强度、结构和元件等。

2. 易导致伤害的重点物品

电池驱动玩具。

变压器玩具（通过变压器和供电网络相连接）。

双电源玩具（能同时或交替使用电池和变压器电源）。

玩具风筝。

有绳线的飞行玩具等。

3. 召回案例

1）召回产品-1：毛绒玩具狗

发布时间：2007 年 6 月 29 日（欧盟）

产品特征：玩具狗高 30cm，背部装有拉链，拉开拉链后，可以看到里面装有 2 块电池。

潜在危险：由于该玩具狗背部的拉链极易被拉开，从而露出里面的电池，而该玩具无任何有关电池电压的说明，一旦儿童触及，

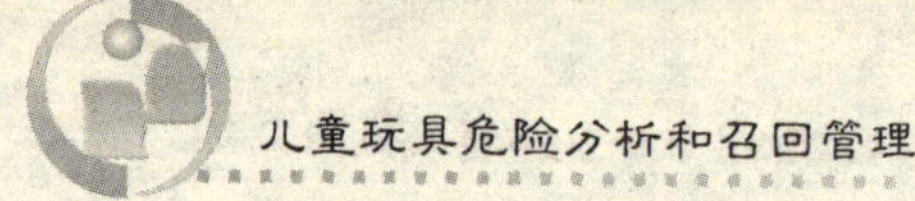

有致其受伤的危险。

2）召回产品-2:电暖袋

发布时间:2006 年 01 月 12 日(香港/佑威公司)

销售情况:2004 年 12 月～2005 年 2 月期间,于 U-Right 店铺供应的电暖袋。

潜在危险:这些电暖袋的内部元件可能发生故障,以致在加热时袋身过热及破裂。由于电暖袋内的热导电溶液是与带电电极接触的,溶液流出电暖袋会对使用者构成触电危险。

相关标准

GB 6675—2003《国家玩具安全技术规范》(摘录)

A. 4. 11. 7 飞行玩具的绳索、细绳或线

系在玩具风筝或其他飞行玩具上超过 1. 8m 长的手持绳索、细绳或线,绳的线电阻率应大于 $10^8\,\Omega/cm$。

A. C. 2. 16 玩具风筝

玩具风筝和其他有绳索的飞行玩具应附有警告:

“不许在高架电线附近或闪电时玩耍”

A. A. 2. 10 电池安全使用说明的要求

电池动力玩具应包括适当的电池安全使用方面的说明。这些说明应包括对消费者的下列忠告:

- 如何取出和放入电池;
- 非充电电池不可充电;
- 当给充电电池充电时,需要成人监护;
- 不可混用新旧或不同类型的电池;
- 从玩具内取出用尽的电池;
- 接线端不应短路。

GB 19865—2005《电玩具的安全》(摘录)

14 结构

14.1 玩具应为电池玩具、变压器玩具或者双电源玩具，其工作电压不应超过24V。

当玩具以额定电压供电时，其任何两个部件之间的工作电压不应超过24V。

14.4 变压器玩具不应预期给3岁以下的儿童使用。

14.7 预期给3岁以下儿童使用的玩具的电池，不借助工具应不可取下，除非电池的盖的防护是够的。

二、溺水危险

溺水是导致意外发生的重要原因之一。有统计数字表明，大约有一半以上的婴儿溺水事件都发生在家里。即便仅仅3cm深的水，婴儿也可能在1min内窒息而死。

易导致伤害的重点物品：具有一定尺寸的盛水容器、水上玩具、微型游泳池等。

另外，骑乘类玩具(包括无动力单脚速滑车)由于惯性的作用也会造成儿童跌入经过的有水的池子而造成溺水事故。

1. 召回案例

发布时间：2007年8月3日(欧盟/爱尔兰)

产品描述："Nambei Brand"牌救生衣，该产品的款式/型号为QAB/003。

潜在危险：由于该款救生衣的特定浮力为50N，如消费者在水中使用/穿戴不当，有致其溺水身亡的危险。该产品不符合欧盟的相关标准 EN-393(充气救生衣标准)。

措施:爱尔兰主管部门已下令由进口商或零售商自愿将该商品撤出市场并实施召回。

2. 相关标准

GB 6675—2003《国家玩具安全技术规范》(摘录)

A.4.19 水上玩具

水上玩具上的所有气门嘴都应有止回阀及永久连接于玩具上的气门塞。当玩具充满气体时,气门塞应能塞入气门座,其留在外部的部分突出玩具表面高度不应超过 5mm。

不应有暗示在无人监护下使用该类玩具是安全的文字或图案。

水上玩具应有提醒该玩具是非救生设备的警示说明。

A.C.2.6 水上玩具

水上玩具应设有警示,说明此玩具应在成人监督下在浅水中使用,另应提醒此产品非救生用品。

3. 防范建议

给幼儿洗浴的时候,大人不要离开,水上玩具没有救生作用。

其他:马桶盖要加装安全扣,或者将洗手间的门随手锁好,防止宝贝进入玩耍。家里有比较大的容器,比如脸盆、水桶、洗脸池等,要随时将里面的积水清理干净。

三、精神伤害

玩具的精神伤害主要来自于超出常规的怪异玩具、恐怖玩具、色情玩具、暴力玩具等。

恐怖玩具能令幼儿产生不安全感，严重者影响其成长中与外界的正常交往。

2004年9月10日，长春。11岁的少年亮亮在教师节前用攒了快1年的零用钱给奶奶买了个“人头”恐怖玩具。这种玩具在打开后会突然出现一个面目狰狞、血肉模糊的人头。吃午饭时，奶奶将盒子打开后被吓倒在地。医院经过3h的抢救，终因老人患有严重的心肌梗死，并且食管里还呛入了食物，抢救无效死亡。

此案例的受害对象虽然不是儿童，但恐怖玩具对人的精神损害可见一斑。

色情玩具会对儿童性心理发展造成扭曲，一些精心包装的玩具，例如玩具照相机，里面放有黄色庸俗的画面，有些模仿色情、暴力玩具则会增加儿童暴力的倾向。

这些玩具会对儿童的健康成长非常不利，可能造成潜在的精神伤害，影响儿童的身心健康。

由于我国现行的国家玩具安全技术规范所考虑的玩具对儿童的伤害不包括精神伤害，所以从技术层面还不能禁止生产企业生产“搞笑玩具”、“怪异玩具”、“恐怖玩具”。但是，《中华人民共和国未成年人保护法》规定，社会各界都要“保护未成年人的身心健康，保障未成年人的合法权益，促进未成年人在品德、智力、体质等方面全面发展”；“儿童食品、玩具、用具和游乐设施，不得有害于儿童的安全和健康。父母或者其他监护人应当以健康的思想、品行和适当的方法教育未成年人，引导未成年人进行有益身心健康的活动”。所以，笔者期待相关主管部门能够出台配套政策，杜绝此类玩具的生产。家长们不仅自己不要为子女购买此类玩具，还要教育他们远离有害玩具。

第五章

警示说明不足的危险

由于技术和经济的原因，不可能生产出绝对安全的产品。对于产品中残留的危险进行必须的警示是国际上通行的做法。

由于产品本身的特性具有一定的危险性（合理的危险）而生产者未能用警示标志或者警示说明，明确告诉使用者应注意的事项，而导致产品存在（未明示的）危险，产品就存在指示缺陷。

从警示的内容分析，包括对使用群体的警示，如使用者的年龄；对使用条件的警示，如使用的电源要求；对正确和全面阅读说明书的要求；对正确打开产品包装的警示；对各种残留危险的警告等。

生产者应当最大限度地生产安全的产品，不得以做出警示说明为由，掩盖产品设计方面的缺陷。

消费者应在采购和使用产品之前详细阅读产品说明书、产品标签、产品包装上所标出的警示说明内容，并保管好相关资料；定期对玩具的主要部件如悬架、固定装置、锚式固定装置等进行检查和维修。

第一节　警示说明基本要求

一、基本要求

在通过设计和采用安全防护技术均无法减小玩具产品存在危险发生的风险时，就应当在产品说明书及给予用户的有关警示通知中确告知有关使用注意事项，提醒家长注意相关遗留风险。

这种标志和说明至少包括以下内容：

适用的年龄范围；

主要填充料的成分；

可能出现的危险；

预防危险出现的途径；

危险发生后的处理方法；

安全使用期限等。

二、产品质量法的相关规定

1）关于警示标志和警示说明

《中华人民共和国产品质量法》第二十七条和第二十八条对于产品的标识及警示说明等进行了规定：

产品或者其包装上的标识必须真实，并符合相关要求；

使用不当，容易造成产品本身损坏或者可能危及人身、财产安全的产品，应当有警示标志或者中文警示说明；

易碎、易燃、易爆、有毒、有腐蚀性、有放射性等危险物品以及储运中不能倒置和其他有特殊要求的产品，其包装质量必须符合相应要求，依照国家有关规定作出警示标志或者中文警示说明，标明储运注意事项。

2）关于特殊说明

《中华人民共和国产品质量法》第二十七条同时规定：

根据产品的特点和使用要求，需要标明产品规格、等级、所含主要成分的名称和含量的，用中文相应予以标明；

需要事先让消费者知晓的，应当在外包装上标明，或者预先向

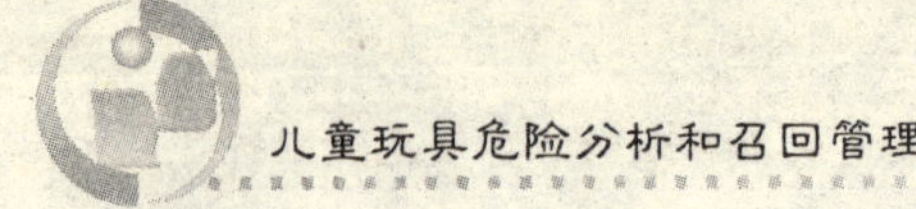

消费者提供有关资料；

限期使用的产品，应当在显著位置清晰地标明生产日期和安全使用期或者失效日期。

三、有关标准规定

在我国的相关国家标准、行业标准和地方标准中，对于一些重要的产品专门规定了标志的要求和使用方式，对于生产合格的产品和安全使用产品有着重要的意义。重要的如 GB 5296.5—1996《消费品使用说明　第 5 部分：玩具》系统提出了玩具产品的标识要求，是生产者组织生产正确加施产品标识的重要依据，也是消费者选购玩具产品的重要参考内容。很难想象，一个标识标签都不能符合规范的企业能够生产出合格的产品来。

GB 14746—2006《儿童自行车安全要求》(摘录)

3.13　说明书

每辆儿童自行车应附有一套中文说明书，并应包含如下内容：

a) 骑行前的准备——说明怎样调节鞍座和车把的高度，使之适合于儿童骑行者，对于鞍管和把立管上的警示标记也应予以说明；

b) 告知怎样将把横管、把立管、鞍座、鞍管和车轮的紧固件旋紧；

c) 润滑——润滑部位、润滑周期以及推荐润滑用油；

d) 告知怎样调节链条或其他驱动机构；

e) 车闸的调整以及闸皮更换的建议；

f) 变速器的调整；

g) 平衡轮的安装、调整和拆卸；

h）常用配件——即外胎、内胎和车闸的闸皮部件；

i）安全骑行须知——戴上头盔、定期检查车闸、轮胎和气压，以及车把；

j）如提供需自行安装的部件，则应说明装配方法；

k）紧固件扭矩要求（制造商标称的内容）。

产品名称、产品型号、年龄范围、制造商或经销商的名称地址以及制造商需作说明的其他事项。

3.14 标志

应在每辆儿童自行车上醒目而持久地标出：

a）凡符合本标准的儿童自行车，可标注标准号；

b）制造商或经销商的名称或商标；

c）生产厂的儿童自行车序列号或型号。

GB 14748—2006《儿童推车安全要求》（摘录）

7.2.5 安全警示

儿童推车应标明如下相关警示说明或警示标志：

a）在儿童推车的产品、包装和使用说明书上的应标注类似以下内容的提示：提醒使用者及监护人在使用前请仔细阅读本说明书并且请妥善保存供以后参照。如果不按照本说明书可能会影响儿童的安全。

b）每辆儿童推车车体和使用说明书应标注类似以下内容的警示说明：

警告：当儿童乘坐时，看护人不要离开。

c）对于靠背和座位面之间的角度不可以调节到大于150°的座式推车，儿童推车车体和使用说明书的明显位置处应标注类似以下内容的警示说明：

警告：本儿童推车不适合于6个月以下儿童使用。

d）使用说明书应有禁止使用非生产商提供的附件的声明，及类似以下内容的警示说明：

警告：在把手上放置任何负载会影响车辆的稳定性。

e）对于卧式推车使用说明书上应标注类似以下内容的警示说明：

警告：卧兜内不应增加厚度超过 X mm 的棉垫。

注：这里 X 由生产商按照卧兜的最小内部高度确定。

f）为防止意外折叠，使用说明书应有类似以下内容的警示说明：

警告：使用推车前确保所有锁定装置都已处于锁定状态。

g）为提醒正确使用安全带，儿童推车车体和使用说明应标注类似以下内容的警示说明：

警告：儿童乘坐时 必须使用安全带。

GB 14749—2006《婴儿学步车安全要求》（摘录）

4.11.2 标志和使用说明

4.11.2.4 适用年龄和体重

在产品包装、使用说明书及标签上应标明产品所适用的年龄范围和预定承载的体重。

4.11.2.5 安全警示

a）在每辆婴儿学步车的产品、包装和/或使用说明书上应标注类似以下内容的提示：提醒使用者及监护人在使用前请仔细阅读本说明书，并且请妥善保存供以后参照。如果不按照本说明书使用可能会影响儿童的安全。

b）每辆学步车车体和使用说明书应标注类似以下内容的警示

说明。

为防止儿童受到意外伤害和误用，学步车车体上应设有类似以下的警示说明：

“警告！当儿童乘坐时，看护人不得离开。”

“警告！本车不适合于不能坐立或能自己行走的婴儿使用。”

为防止儿童灼伤、烧伤，学步车所使用的纺织物上应在其表面设置永久性警示说明：

“警示！切勿近火”

为防止婴儿窒息，学步车上使用任何塑料袋和软塑料薄膜上应设有类似以下的警示说明：

“警告：为避免窒息，使塑料覆盖物远离婴儿。”

c）每辆学步车的使用说明书应有禁止使用非生产商提供的附件的声明，并设有类似以下内容的警示说明 。

“警告！不得在本车上放置任何负载，否则会影响车辆的稳定性。”

d）每辆学步车车体和/或使用说明书和/或包装应设有类似以下内容的警示说明。

为防止意外折叠，应设有类似内容的警示说明：

“警告！使用本车前确保所有锁定装置都已处于锁定状态。”

为防止正常使用时意外倾翻，应设有类似内容的警示说明：

“警告！禁止在楼梯、门槛、台阶附近使用本车，本车须在平坦、无障碍物的地点使用，确保本车在正常使用时不倾翻。”

为防止婴儿滑出学步车座位，应设有类似内容的警示说明：

“警告！确保婴儿的脚触及地面。在搬运本车时，不得将婴儿放在学步车内。”

为避免烫伤，应设有类似内容的警示说明：

“警告：禁止婴儿乘坐本车在取暖器、加热器、火炉等附近玩耍。”

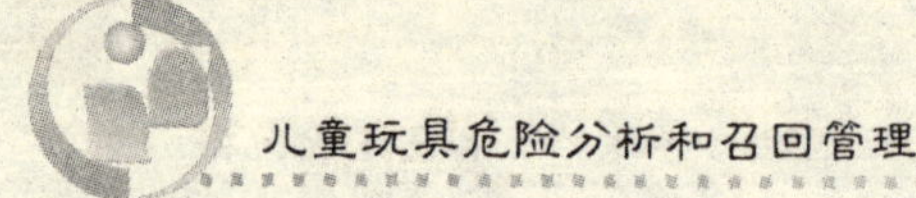

为防止婴儿每次过长时间使用学步车而产生不良影响，应设有类似内容的警示说明：

“警告：婴儿每次乘坐本车的极限时间不得超过 xx。”

为防止学步车超安全使用期限使用，应设有“安全使用期限”的警示说明。

四、标注格式

儿童玩具的警示说明区别于一般产品。

对于一般产品，使用者是警示说明的直接受众。而对玩具产品而言，儿童没有识别能力，只能由父母代为阅读把关。所以，玩具产品的标志和说明更多的是标在产品的包装上，供家长们选购时参考。有关标注格式的要求请参见相关标准的规定。

第二节　警示说明标注实务

一、产品警示标注实例

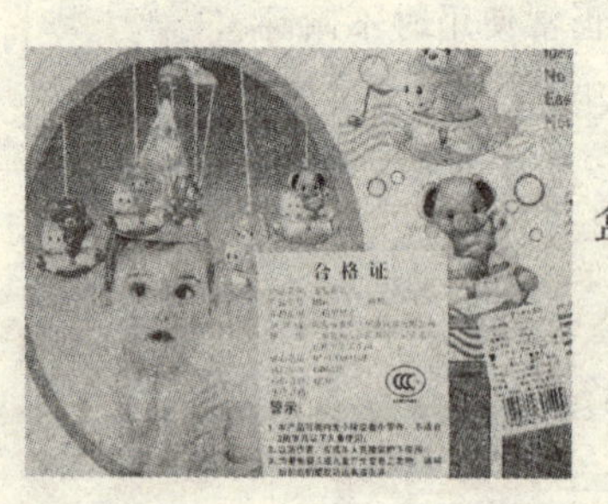

1）产品名称：悬挂塑胶玩具

形式：不干胶标签加贴在包装盒上

位置：与合格证同在一张标签上

制造商：汕头市某玩具有限公司

警示内容：

① 本产品可能含有小球或小零件，不适合 3 周岁以下儿童使用；

② 为防伤害，在成年人直接监护下使用；

③ 为避免婴儿或儿童产生窒息危险，请将拆卸后的塑胶袋远离儿童或丢弃；

④ 绑在摇篮、童床、童车上的玩具，为防止可能发生的伤害，在婴儿可以用手抓到的时候将其取下。

（本包装含有重要信息，请予以保留）

2）产品名称：某款充电自由飞玩具

产品包装的 A 面（局部）

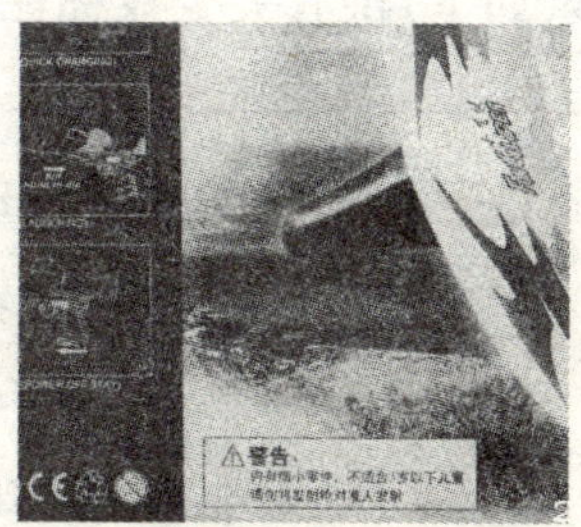

产品包装的 B 面（局部）

标注形式：印刷在产品包装上。

标注实录：

在产品包装的 A 面，红底黑字标明“FOR AGE 8⁺”，下方有中文说明“适用年龄 8 岁（97 个月）以上”；

在同一产品包装的 B 面，又用黑体标明：“警告：内有细小零件，不适合 3 岁以下儿童 请勿将发射枪对准人发射”。

点评：

以上两例玩具，生产企业都已经意识到要进行相关的警示标注，但实际操作中都存在一些问题。特别是玩具适用年龄的标注

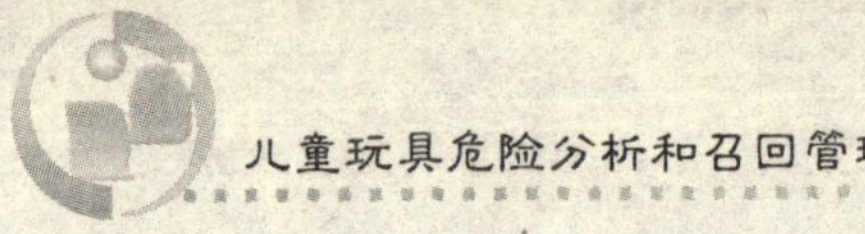

并不适当，这个问题具有普遍性。

在案例 1)中，该玩具实际是适用于婴儿阶段使用的玩具类型之一。产品标签警示的第 1 项和第 4 项的内容互相矛盾。这是企业对有关标准中所称的产品适用年龄范围没有完全理解所造成的。

在案例 2)中，适用年龄 8 岁以上的玩具自然不适合 3 岁以下儿童，无需重复标注。画蛇添足的表述会对消费者产生误导，也同时表明企业对相关国家标准内容的生疏。

因此，在必要在此将国家标准的有关“玩具年龄分组指南”的内容摘录如下，供有关企业标注和家长选购时参考。

GB 6675—2003《国家玩具安全技术规范》(摘录)

附录 A.B

(资料性附录)

玩具年龄分组指南

A.B.1 总则

年龄标识是用来向顾客提供选购玩具的指南，以使消费者根据不同年龄组儿童的平均能力和兴趣及玩具本身的安全情况，选择合适的玩具。

A.B.4 年龄分组的安全方面的考虑

A.B.4.1 总则

玩具对于使用者应是安全的。一旦确定儿童技能水平，应使玩具设计符合本标准的有关特定年龄组的安全要求。

A.B.4.2 适合 3 岁以下儿童使用的玩具

3 岁及以下儿童使用的玩具，最重要的是应考虑与小零件有关的潜在的噎塞和窒息危险。3 岁及以下的儿童比较容易把物件放入口中。但并不排除 3 岁以上儿童就一定没有把非食物放入口中的嗜好。下列玩具适合 3 岁及以下儿童：

预定供 3 岁及以下儿童使用的：挤压玩具，出牙器，童床练习玩具，童床健身玩具，童床悬挂玩具，供装在童床、婴儿推车游戏围栏或童车上的玩具，推拉玩具，敲打玩具，积木块与堆垛玩具，浴盆玩具，玩水池和堆沙玩具，木马，钟琴和音乐球及旋转木马，玩偶盒，填充的、毛绒的及植绒动物及其他造型的玩具，学龄前玩具，拼图玩具，乘骑玩具，玩具娃娃和动物玩具，汽车、卡车及其他车辆。

A. B. 4. 3　不适宜 3 岁及以下儿童使用的玩具

被认为不适合 3 岁及以下儿童的，而未加贴年龄标识的玩具具有以下特征：

- 要求复杂的手指动作或控制调整，将复杂的小块装在一起的玩具；
- 游戏类玩具；例如要求或含有超出 A、B、C 或 1、2、3 范围（即最基本知识）的阅读能力的内容的游戏类玩具；
- 模拟成人体形或特征的玩具及其相关附件；
- 收藏系列（例如：人物造型和车辆）；
- 弹射类玩具，发射的车辆、飞机等；
- 化妆套具玩具；
- 含有长绳或带的玩具。

A. B. 4. 4　8 岁及以上儿童使用的玩具

另一个被引用的发育分界线大约为 8 岁，在这个阶段阅读能力已有进步，儿童自己能阅读、理解注意说明、警告等，因为在某些情况下使用说明和警告对于安全使用产品是必需的，该类产品应贴上供 8 岁以上儿童使用的年龄组标识。

属于这一范畴的产品包括：

• 含有易碎玻璃部件和复杂说明的科学、环境用具或装置；

• 含有锐利工具或部件的、或要求手指技巧配合精确组装的复杂的模型和工艺套具；

• 含加热元件的电动玩具；

• 某些化学装置、用燃料驱动的模型车辆和火箭。这些玩具包含有可能是有害的化学品，一般不能被不会阅读和理解说明书及警告的儿童安全地玩耍。建议使用这类产品的最低年龄应为8岁并且仅在成人的监护下使用。

A. B. 5 说明性的年龄标识

如果玩具容易被建议年龄组以外的儿童接触，制造商可以加贴说明性标识，以识别潜在的安全隐患，帮助家长和其他购买者选择适合玩具。

二、向社会公众的警示

警示说明通常是针对具体产品而言的。对于某一类产品存在的警示说明缺失的情况，除了适用产品召回的管理模式以外，经常可以看到对于因缺乏类似危险警告标签而引起的对于社会公众的提醒和公告，如下例是香港消费者委员会关于气球警示标签问题的警示：

儿童吹气球可致窒息死亡

2005 年 7 月 10

香港消费者委员会今天提醒各家长，小孩吹气球时可能会因为气不够而吸入橡皮气球，窒息致死；而目前香港市面上出售的橡皮气球，大都缺乏类似危险警告标签。

消委会发言人：海关人员近日检查了市面上出售的14个气球样本，结果发现全都没有上述危险警告字句，海关已向129家批发、零售和入口商发出警告，并起诉其中四家。

儿童吹气球时由于气不够或不适当使用气球，容易将气球吸入口腔，导致哽塞甚至窒息。事实上，根据资料，美国过去20年来，就发生110宗儿童吸入未充气或破烂的橡皮气球而窒息死亡事件。因此，消委会该会提醒市民，节日期间，不少人喜欢使用吹气球增加节日气氛，市民应慎防儿童把未充气或破烂气球碎片放入口中啜入引致窒息。

三、抽查情况

各地的检测中发现，玩具使用说明、警示标识不合格主要表现在以下几个方面：

1）无中文标识，没有产品说明书。

2）无中文标识，只有英文的说明书。

3）产品名称不具体，含糊不清。

4）个别产品未明示年龄范围。

玩具标准中将玩具按不同年龄段进行划分，所要求的安全是不同的，3岁以上儿童的玩具不适合3岁以下儿童玩。在2007“六一”国际儿童节即将来临之际，北京市质量技术监督局2007年对全市企业生产的玩具进行的产品质量监督抽查发现仍有企业。在包装及说明书，标签上均未标明适合儿童使用的年龄范围。

5）有的产品警告字体较小，这些都没能起到给消费者在选择玩具时应有的警示作用，易误导消费。

6）无产品执行标准号、无产品质量合格证等。

7）弹射玩具未设安全警示说明等。

8）小零件没有警告标识。

根据《国家玩具安全技术规范》要求，供 36 个月及以下儿童使用的玩具不应含有小零件，供 36 个月以上儿童使用的玩具，如果存在小零件，应设警示说明。

年　龄　组	小零件要求
36 个月以下	玩具上不允许存在小零件
37 个月～72 个月	玩具上存在小零件，但必须有警示说明
73 个月以上	可以存在小零件，且不需设警示说明

江西省质量技术监督局 2006 年第 3 季度童车产品质量省级监督抽查，30 批次产品中，有 12 批次产品标识标注不符合规定要求，有的无厂名厂址，有的无产品使用说明书，有的未标注产品执行标准编号，有的未标注警示标志。

四、召回案例

1）召回产品-1：带哨子闪光奶嘴玩具（希腊通报）

通报原因：有窒息的危险，塑料奶嘴在不到 90N 的力作用下，会与基座脱离，脱离的奶嘴刚好可以填满试验用汽缸，一旦被儿童吸入就会有窒息的危险；该产品没有提供适当的警告说明“注意！该产品不适于 3 岁以下儿童，产品的小部件很容易被吞食”。该产品不符合欧盟玩具指令和相关欧洲标准。

2）召回产品-2：枪形状的新式打火机（希腊通报）

通报原因：有引发火灾的危险，该打火机很容易吸引儿童（特别是 5 个月以下的儿童）将其视为玩具；打火机缺少有关点火提示。

3）召回产品-3：豆袋椅子和脚凳组

发布时间：2005 年 10 月 11 日

潜在危险：椅子和脚凳拉链可以被拉开并且没有警告标标签。CPSC 认为当它们未拉上拉链时儿童可能从豆袋中吸入或吞下小球而窒息导致死亡。

事件/伤害：无

4）召回产品-4：婴儿床

发布时间：2007 年 5 月 31 日

产品描述：产品型号为 2005，直径为 42in，由红褐色的桃木制成。该婴儿床床腿 31in 高。

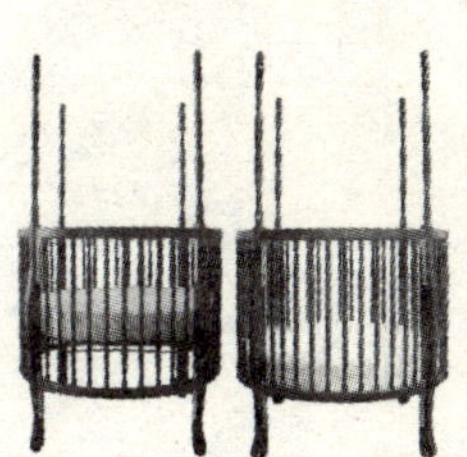

潜在危险：该婴儿床的安装说明要求消费者将床垫装到最高位置，而不是装在较低位置。如按说明安装使用，有可能造成儿童翻出跌伤。目前，尚无伤亡报告。

措施：建议消费者将床垫适当降低，并联系获得修改后的安装说明。

5）召回产品-5：高围婴儿床

发布时间：2007 年 6 月 6 日

潜在危险：装配说明书不正确地指导消费者装配围栏。如果安装不正确，围栏会从床上分离，婴儿会从床上跌落。加之，围栏的金属插销会脱落，有窒息危险。

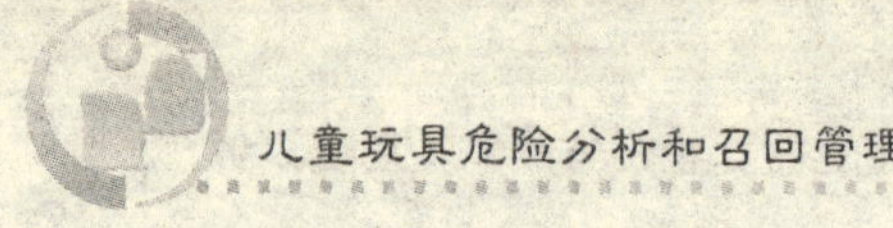

6）召回产品-6:毛绒玩具狗

发布时间:2007 年 6 月 29 日(欧盟、波兰)

产品描述:该玩具狗高 30cm,背部装有拉链,拉开拉链后,可以看到里面装有 2 块电池。

潜在危险:由于该玩具狗背部的拉链极易被拉开,从而露出里面的电池,而该玩具无任何有关电池电压的说明,一旦儿童触及,有致其受伤的危险;该玩具上有关“该玩具不适合 36 个月以下的婴幼儿玩耍”的标识不符合规定,因为这种简单构造的毛绒填充玩具一般适合 3 岁以下的儿童。该玩具不符合欧盟的玩具指令及欧盟的相关标准 EN71-1 和 EN50088。

第二部分

《儿童玩具召回管理规定》释义与适用

第一章

总 则

第一条 为了规范儿童玩具召回活动，预防和消除儿童玩具缺陷可能导致的损害，保障儿童健康和安全，根据《中华人民共和国产品质量法》、《国务院关于加强食品等产品安全监督管理的特别规定》等法律法规，制定本规定。

[释义与适用] 本条是对儿童玩具召回管理规定立法目的和立法依据的规定。

1. 制定玩具召回规定的主要目的是为了加强国家对玩具产品质量的监督管理，预防和消除儿童玩具缺陷可能导致的损害。

国务院 1996 年 12 月 24 日发布的(1996 年～2010 年)《质量振兴纲要》指出：我国的产品质量、工程质量、服务质量总体水平还不能满足人民生活水平日益提高和不断发展的需要。应当强化质量监督，运用经济、法律和行政等手段，提高监督的有效性。可以认为，对缺陷产品实施召回管理是加强产品质量监督的具体举措之一。

随着生产力水平的大幅度提高，物质条件贫乏的短缺经济已经成为历史。林林总总的工业产品进入人们的生活，改善着人们

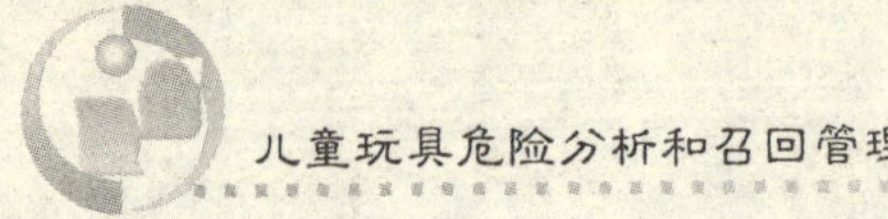

的生活质量。儿童玩具及儿童用品的生产、消费也已经达到较高的水平。

但不可否认的是，玩具产品的安全性问题也越来越突出。

就国内而言，国家质量监督抽查多次暴露出玩具产品质量的安全问题。因玩具质量缺陷而引发的人员、财产损失的数字也越来越大。玩具，在带给儿童娱乐和益智的同时伴随着对儿童人身健康和安全的威胁。因此，非常有必要加强对玩具产品的质量安全管理。在还不能通过技术手段完全杜绝产品缺陷的出现的情况下，对已经发现缺陷的儿童玩具进行全面的召回是预防缺陷产品对更大范围的人群（儿童）造成伤害的重要措施。

2. 本规定通过明确缺陷玩具产品的管理责任、生产者的义务、消除产品缺陷的措施等，对防止、减少和消除缺陷产品的危害做出了系统的规范性要求，是续《缺陷汽车召回管理规定》之后，我国的又一部关于缺陷产品召回的专门规定。既能促进对玩具产品的质量安全管理，又是对我国建立完整的缺陷产品召回管理体系的强力推动。从此在玩具行业中，“产品缺陷”不再神秘。有关缺陷玩具的信息将直面公众，从而更加促使生产者生产安全产品、消除安全隐患、实现安全消费。

3. 本规定的立法依据是《中华人民共和国产品质量法》等法律规定。

关于提高产品安全性、保障消费者人身和财产安全，消除缺陷产品危害性的管理，在我国《民法通则》、《产品质量法》等诸多法律法规中，都有相关规定。从管理的方式和特征划分，大体上分为3个阶段：

(1) 第一阶段

是以《民法通则》为象征的普遍适用阶段，对消费者的相关人身权利有所涉及。

（2）第二阶段

综合管理的阶段，对产品安全、产品缺陷的管理纳入到统一的产品质量监督管理之中，此阶段以《产品质量法》和《消费者权益保护法》的发布实施为标志。通过专业法律的发布实施，使得《民法通则》规定的民事权有了具体的保障。

1993 年 9 月 1 日起实施的《中华人民共和国产品质量法》（2000 年 9 月 1 日修正）规定，生产者对其生产的产品质量负责。该法涉及产品安全的规定可以归纳为以下 3 个方面：

1）产品质量应当满足人们对产品安全性的追求，质量法第十三条规定："可能危及人体健康和人身财产安全的工业产品，必须符合保障人体健康和人身财产安全的国家标准；未制定国家标准、行业标准的，必须符合保障人体健康和人身财产安全的要求"。

2）定义了产品缺陷的含义，为正确处理缺陷产品质量责任问题奠定了基础。质量法第四十六条：本法所称缺陷，是指产品存在危及人身、他人财产安全的不合理的危险；产品有保障人体健康和人身、财产安全的国家标准、行业标准的，是指不符合该标准。

3）生产者因产品存在缺陷造成人身、他人财产损害的要承担赔偿责任。销售者有过错的，销售者应当承担赔偿责任。赔偿包括人身伤害赔偿、对财产损失恢复原状或者折价赔偿等。

1994 年 1 月 1 日起实施的《中华人民共和国消费者权益保护法》第二十七条规定：各级人民政府应当加强监督，预防危害消费者人身、财产安全行为的发生，及时制止危害消费者人身、财产安全的行为。

由于儿童用品的特殊性，在《中华人民共和国未成年人保护法》第二十六条要求：儿童食品、玩具、用具和游乐设施，不得有害

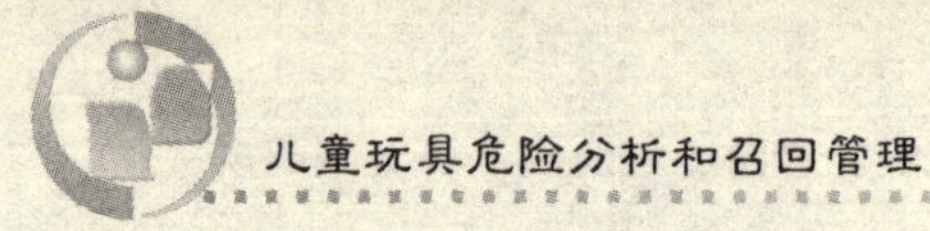

于儿童的安全和健康。

(3) 第三阶段

颁布实施《国务院关于加强食品等产品安全监督管理的特别规定》。

国务院总理温家宝2007年7月26日签署第503号国务院令，公布《国务院关于加强食品等产品安全监督管理的特别规定》，自公布之日起施行。此特别规定第一次在法规层次以上的文件中明确提出了产品召回的概念，具有里程碑式的意义。

在该特别规定的第九条中要求：

生产企业对缺陷产品的召回义务——生产企业发现其生产的产品存在安全隐患，可能对人体健康和生命安全造成损害的，应当向社会公布有关信息，通知销售者停止销售，告知消费者停止使用，主动召回产品，并向有关监督管理部门报告；

销售者停止销售缺陷产品的义务——销售者应当立即停止销售该产品。销售者发现其销售的产品存在安全隐患，可能对人体健康和生命安全造成损害的，应当立即停止销售该产品，通知生产企业或者供货商，并向有关监督管理部门报告。

4. 缺陷玩具召回规定的所有内容均不得与《产品质量法》等上位法律、法规规定相抵触，否则不具有效力。

5. 其他相关规定

《产品质量监督抽查管理办法》(摘录)

(2001年12月国家质量监督检验检疫总局令第13号发布)

第三条　国家监督抽查是由国务院产品质量监督部门依法组织有关省级质量技术监督部门和产品质量检验机构对生产、销售的产品，依据有关规定进行抽样、检验，并对抽查结果依法公告和处理的活动。国家监督抽查是国家对产品质量进行监督检查的主要方式之一。

第四十四条　国家质检总局负责汇总抽查结果，发布产品质量国家监督抽查通报，并向社会发布国家监督抽查公告；对危及人体健康、人身财产安全和环保的不合格产品，影响国计民生并且质量问题严重的不合格产品，以及拒检企业，予以公开曝光。

第四十八条　不合格产品生产企业必须按照下列要求进行整改：

（一）质量问题严重的，必须立即停止该种不合格产品的生产和销售；

（二）企业法定代表人向全体职工通报国家监督抽查情况，制订整改方案，落实整改工作责任制；

（三）查明不合格产品产生的原因，查清质量责任，对有关责任者进行处理；

（四）对在制产品、库存产品进行全面清理，不合格产品不准继续出厂，对危及人体健康、人身财产安全的不合格产品，要按照《产品质量法》等有关规定监督销毁或者作必要的技术处理；

（五）根据不合格产品产生的原因和质量技术监督部门、有关部门整改要求，在管理、技术、工艺设备等方面采取切实有效的措施，建立和完善企业的质量保证体系；

（六）积极参加质量技术监督部门组织的不合格企业厂长（经理）学习（培训）班和产品质量分析会；

（七）按期提交整改报告和复查申请；

（八）接受质量技术监督部门组织的整改复查和产品质量的复查检验。

第四十九条　不合格产品销售企业必须按照下列要求进行整改：

（一）立即对在销产品的库存产品进行清理，对直接危及人身健康安全或者存在致命缺陷或者失去使用价值的产品，必须立即撤下柜台，严禁继续销售，对仍有使用价值的产品，退回生产企业进行必要的技术处理，或者标明处理品后方可继续销售；

（二）针对质量问题，查清质量责任；

（三）加强对供货方的审查把关和验货人员的业务培训，建立质量责任制。

《缺陷汽车产品召回管理规定》（摘录）

（中华人民共和国国家质量监督检验检疫总局、国家发展和改革委员会、商务部和海关总署2004年3月12日以第60号令发布，2004年10月1日起施行）

第二条　凡在中华人民共和国境内从事汽车产品生产、进口、销售、租赁、修理活动的，适用本规定。

第三条　汽车产品的制造商（进口商）对其生产（进口）的缺陷汽车产品依本规定履行召回义务，并承担消除缺陷的费用和必要的运输费；汽车产品的销售商、租赁商、修理商应当协助制造商履行召回义务。

第四条　售出的汽车产品存在本规定所称缺陷时，制造商应按照本规定中主动召回或指令召回程序的要求，组织实施缺陷汽车产品的召回。

国家根据经济发展需要和汽车产业管理要求，按照汽车产品种类分步骤实施缺陷汽车产品召回制度。

国家鼓励汽车产品制造商参照本办法规定，对缺陷以外的其他汽车产品质量等问题，开展召回活动。

《关于处理侵害消费者权益行为的若干规定》（摘录）

（国家工商行政管理总局工商消字[2004]第35号2004年3月12日发布实施）

第一条 经营者提供商品或者服务，应当按照法律法规的规定、与消费者的约定或者向消费者作出的承诺履行义务。

经营者与消费者有约定或者经营者向消费者作出承诺的，约定或者承诺的内容有利于维护消费者合法权益并严于法律法规强制性规定的，按照约定或者承诺履行；约定或者承诺的内容不利于维护消费者合法权益并且不符合法律法规强制性规定的，按照法律法规的规定履行。

第二条 经营者发现其提供的商品或者服务存在严重缺陷，即使正确使用商品或者接受服务仍然可能对人身、财产安全造成危害的，应当立即停止销售尚未售出的商品或者停止提供服务，并报告工商行政管理等有关行政部门；对已经销售的商品或者已经提供的服务除报告工商行政管理等有关行政部门外，还应当及时通过公共媒体、店堂告示以及电话、传真、手机短信等有效方式告之消费者，并且收回该商品或者对已提供的服务采取相应的补救措施。

对经营者不履行前款规定的义务的行为，工商行政管理部门应当在职权范围内责令其改正，并在市场主体信用监管信息中予以记载。

第二条 在中华人民共和国境内生产、销售的儿童玩具的召回及其监督管理，适用本规定。

［**释义与适用**］ 本条是对玩具召回规定适用范围和调整对象的规定。

1. 本条例的适用地域是：中华人民共和国境内，凡在中华人民共和国境内从事儿童玩具及儿童用品生产、销售等活动的，都适用本规定。

2. 本规定主要调整在儿童玩具生产、销售等活动中发生的有关缺陷儿童玩具产品处置的权利、义务和责任的关系。

3. 本规定适用主体：在中华人民共和国境内从事儿童玩具召回的生产者、销售者和实施监督管理的部门。

按照我国的有关法律规定，进口产品应当标明在国内经销商的名称和地址。有关的产品质量责任也由国外产品的国内代理商负总责。

4. 相关法规

《中华人民共和国产品质量法》（摘录）

第二条 在中华人民共和国境内从事产品生产、销售活动，必须遵守本法。

本法所称产品是指经过加工、制作，用于销售的产品。

建设工程不适用本法规定；但是，建设工程使用的建筑材料、建筑构配件和设备，属于前款规定的产品范围的，适用本法规定。

第四条 生产者、销售者依照本法规定承担产品质量责任。

第二十七条 产品或者其包装上的标识必须真实，并符合下列要求：

（一）有产品质量检验合格证明；

（二）有中文标明的产品名称、生产厂厂名和厂址；

……。

《产品标识标注规定》(摘录)

(国家质量技术监督局技监局监发[1997]172号)

第九条 产品标识应当有生产者的名称和地址。生产者的名称和地址应当是依法登记注册的,能承担产品质量责任的生产者名称和地址。进口产品可以不标原生产者的名称、地址,但应当标明该产品的原产地(国家/地区,下同),以及代理商或者进口商或者销售商在中国依法登记注册的名称和地址。进口产品的原产地,依据《中华人民共和国海关关于进口货物原产地的暂行规定》予以确定。

有下列情形之一的,按照下列规定相应予以标注:

(一)依法独立承担法律责任的集团公司或者其子公司,对其生产的产品,应当标注各自的名称、地址;

(二)依法不能独立承担法律责任的集团公司的分公司或者集团公司的生产基地,对其生产的产品,可以标注集团公司和分公司或者生产基地的名称、地址,也可以仅标注集团公司的名称、地址;

(三)按照合同或者协议的约定相互协作,但又各自独立经营的企业,在其生产的产品上应当标注各自的生产者名称、地址;

(四)受委托的企业为委托人加工产品,且不负责对外销售的,在该产品上应当标注委托人的名称和地址;

(五)在中国设立办事机构的外国企业,其生产的产品可以标注该办事机构在中国依法登记注册的名称和地址。

第三条 本规定所称儿童玩具,是指设计或预定供14岁以下儿童玩耍,经过加工制作并用于销售的产品;但生产者明示不供儿童玩耍的除外。

本规定所称缺陷，是指因设计、生产、指示等方面的原因使某一批次、型号或类别的儿童玩具中普遍存在的具有同一性的、危及儿童健康和安全的不合理危险。

本规定所称召回，是指按照规定程序和要求，对存在缺陷的儿童玩具，由生产者或者由其组织销售者通过补充或修正消费说明、退货、换货、修理等方式，有效预防和消除缺陷可能导致的损害的活动。

［**释义与适用**］ 本条是对玩具召回规定涉及的有关主要概念的解释。

1. 涉及的概念包括

调整的对象：玩具范围的规定；

调整的内容：缺陷的相关概念；

调整的方法：警告、撤回、召回等。

2. 本规定所称儿童玩具，是指预定供 14 岁以下儿童玩耍或使用的任何产品。

根据《中华人民共和国民法通则》的有关规定，十八周岁以下为未成年人。十四周岁又是未成年人心智发育的分界点。通常把 14 周岁以下的人群称为儿童，这是一个需要特殊关照的群体。在国家标准 GB 6675—2003《国家玩具安全技术规范》中，把玩具界定为“设计或预定供 14 岁以下儿童玩耍的所有产品和材料”，该标准是国内销售的玩具的强制性安全通用技术规范。所以，本缺陷玩具产品召回管理规定设定了对14岁以下儿童玩具及用品的召回管理要求，保持了和其他相关规定的承续性。

从召回管理操作层面上看，此项规定包括两层含义：第一层是指，如无特殊说明，本玩具召回规定适用于任何在市场上销售的玩具（含试用和免费赠送的玩具）及生产并供境内销售的玩具（GB 6675—2003）；第二层含义，本玩具召回规定不适用于不以（14岁以下）儿童为使用对象的玩具。据此，有关玩具生产者应当对此类玩具进行必要的说明，防止儿童的误用。

3. 玩具召回规定中所称的缺陷，是指因设计、生产原因或提供过程中的原因而使某一批次、型号或类别的儿童玩具及儿童用品中存在的具有同一性的危及儿童人身安全的不合理危险，或者不符合保障儿童健康和人身安全等的国家标准、行业标准和地方标准的情形。

人们对于产品缺陷的认识可以分为三个阶段：

(1) 第一阶段，缺陷是指不满足预期的使用要求。基本于这一认识，产品性能或功能的欠缺也常常会被认为是产品缺陷。但是，由于产品预期功能的欠缺所涉及的内容是广泛的，所引起的后果难以用一个标准来衡量和处理，需要用新的理论来代替。

(2) 第二阶段，以 GB/T 19000—2000《质量管理体系　基础和术语》中关于缺陷的定义为代表。该标准认为："缺陷是指未满足与预期或规定用途有关的明示的、通常隐含的或必须履行的需求或期望"。这一定义把预期的要求进行了细化，引申出了明示和默示的概念，具有一定的指导意义。但是，该定义仍然有其不足之处，如将产品瑕疵归为产品缺陷。实际上，瑕疵和缺陷是两种不同的概念，因为产品缺陷造成人身伤害、他人财产损失的生产、生产者应承担全部赔偿责任；产品瑕疵影响消费者正常使用，经营者承

担修理、重做、退换或违约赔偿。后者与通行的产品责任的理论存在着适用方面的判别问题。由于该标准把产品“不合格”也定义为“未满足要求”，因而不得不同时指出：“区分缺陷与不合格的概念是重要的，这是因为其中有法律内涵，特别是与产品责任有关。因此，术语‘缺陷’应慎用”。

(3) 第三阶段，法律规定的缺陷的定义。《中华人民共和国产品质量法》第四十六条规定：本法所称缺陷，是指产品存在危及人身、他人财产安全的不合理的危险；产品有保障人体健康和人身、财产安全的国家标准、行业标准的，是指不符合该标准。

质量法关于产品缺陷的定义抓住了人们认识缺陷的目的和本质，具有很强的针对性和实用性。这一定义符合国际上关于产品缺陷和产品责任的通行规则。在质量法中，用了两条并列的判定准则，一是产品存在危及人身、他人财产安全的不合理的危险；二是不符合保障人体健康和人身财产安全的国家标准、行业标准。

但是，对于合理性的认定没有量的定义，在实际工作中容易存在歧义。特别是在我国还没有适用“判例”的法律环境。所以，标准成为多数情况下衡量是否存在缺陷的主要依据。需要说明的是，由于标准的总结性和后滞性，在没有适用的标准时，当事人和法院应当按照合理性原则处理产品缺陷问题，而不应采取回避的态度。在缺陷产品召回管理体系中，引入了质量安全专家咨询组制度，以专家组的综合评估对产品缺陷进行认定。是符合产品质量法关于产品缺陷定义的基本精神的。

在对产品缺陷的研究中，又根据缺陷出现的规律分为偶然缺陷和系统缺陷。偶然缺陷：由于各种随机因素所造成不可预见的产品缺陷；系统缺陷：由于设计、制造过程中的系统性因素所造成的，在产品的某一批次、型号、或类别中普遍存在的缺陷。

玩具召回规定中给出的缺陷的定义是符合产品质量的定义范畴的。只不过由于产品召回这一管理制度的特殊性，如无系统原因的出现，则无法预见和预防，所以本规定把召回管理的对象仅限于系统缺陷的情况，是符合国际惯例的。

4. 经营者消除产品缺陷的措施包括按照要求和程序进行的警告、撤回和召回。

警告，是指按照本规定的要求和程序，由经营者向社会发布的缺陷儿童玩具及儿童用品信息及避免缺陷儿童玩具及儿童用品造成危害的任何警示性措施。对于一般性通过注意可以避免和消除的产品缺陷，允许经营者采用向社会发布警告的方式消除危险。如对警示标志缺失的某类玩具可以通过向用户公开警告的方式补充说明产品的使用注意事项等。

撤回是针对虽已经出厂但尚未销售到用户手中的产品，由经营者进行的为防止继续销售而的采取的措施。经营者采取此项措施的前提是加强对产品营销过程的管理，建立有关销售记录和台帐。否则是不能够达到撤回的目的的。在当前的流通体制下，特别是加强低价值玩具的销售管理，已经不仅仅是生产者的单方行为，必须通过宣传提高全社会的产品质量安全理念。

产品召回是指投放市场的产品在发现由于设计或制造等方面的原因存在缺陷、不符合相关法规标准，有可能带来安全或环保问题时，产品生产厂家须及时向有关管理职能机构报告存在的问题、存在的原因以及相应的改进方法，并且采取以企业自身主动召回为主的方式，对存在缺陷的在用产品通告用户进行修理、更换、退货等方式，有效消除产品缺陷可能导致的危险的措施，其发生的费用由经营者承担。按照我国目前的法规和制度，一个产品只有在

它造成伤害之后才会有处理的方案，而缺陷产品召回制施行以后，只要发现有批量产品存在质量问题并有可能对消费者造成伤害，企业就有义务将产品召回。通俗地说，就是一个是事后的补救措施，一个是防患于未然。

第四条 国家质量监督检验检疫总局(以下简称国家质检总局)在职责范围内负责统一组织协调儿童玩具召回的监督管理工作。

省、自治区和直辖市质量技术监督部门(以下简称省级质量技术监督部门)在本行政区域内负责组织实施儿童玩具召回的监督管理工作。

［**释义与适用**］ 本条是缺陷产品管理机构、工作机构及其职责的规定。

1. 管理体制

我国对缺陷儿童玩具及儿童用品的监督管理分为国家级主管和省级地方主管二级管理制。

国家质量监督检验检疫总局，在全国范围内主管缺陷儿童玩具及儿童用品召回的相关管理工作。

这是基于产品质量法关于全国产品质量监督工作的分工做出的规定。产品质量法第八条规定，国务院产品质量监督部门主管全国的产品质量监督工作。国务院有关部门在各自的职责范围内负责产品质量监督工作。法律对产品质量监督部门另有规定的，依照有关法律的规定执行。

根据“三定方案”的规定，国家质量监督检验检疫总局（简称国家质检总局）是国务院主管全国质量、计量、出入境商品检验、出入境卫生检疫、出入境动植物检疫和认证认可、标准化等工作，并行使行政执法职能的直属机构。所以，国家质检总局对儿童玩具及儿童用品实施统一的缺陷产品管理是依法履行职能的行为。

目前，质量技术监督对省以下实行的是垂直管理，因此，省以下的管理方式由各省级质量监督部门做出规定。

2. 对生产者进行监管是消除缺陷隐患的有效手段

召回是对产品质量进行后市场管理的典型方式，是通过市场发现，企业召回的运作模式来消除不合理危险。缺陷的隐蔽性和内在性，决定了产品缺陷的发现往往发生在产品售后使用阶段，而缺陷的技术性、复杂性，决定了召回措施必须依靠原生产企业来完成。召回管理与运作的重点是设计与制造控制，关键是维修、更换的技术服务保障，这一切的落脚点是生产企业的质量责任。因此，消除缺陷不能在流通环节有效解决，必须从源头抓起，从缺陷责任主体抓起，这也就是由国家质检总局统一管理儿童玩具产品召回的道理所在。

3. 相关规定

《国务院办公厅关于印发国家质量监督检验检疫总局及国家认证认可监督管理委员会国家标准化管理委员会职能配置内设机构和人员编制规定的通知》（摘录）

（国办发[2001]56号）

五、其他事项

（一）根据国务院决定，国家质量监督检验检疫总局和国家工

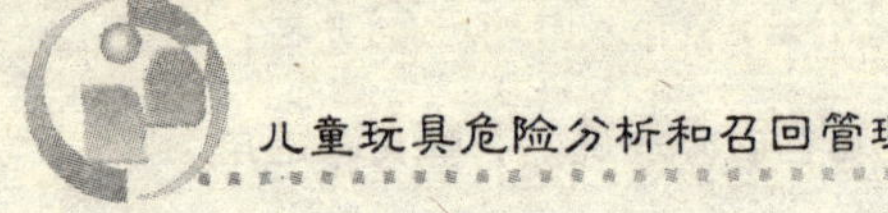

商行政管理总局在质量监督方面的职责分工为：国家质量监督检验检疫总局负责生产领域的产品质量监督管理，国家工商行政管理总局负责流通领域的商品质量监督管理。国家工商行政管理总局在实施流通领域商品质量监督管理中查出的属于生产环节引起的产品质量问题，移交国家质量监督检验检疫总局处理。按照上述分工，两部门要密切配合，对同一问题不能重复检查、重复处理。

第五条 各级质量技术监督部门应当采取各种有效方式，加强儿童玩具安全知识和法规制度宣传教育。

［**释义与适用**］ 本条是对各级质量技术监督部门开展玩具安全知识和法规宣传的要求。

开展宣传的内容包括玩具安全知识培训和法规制度的普及教育。

各地各级质量技术监督部门通过工作实践总结，已经形成了以培训班为主要形式的宣传教育模式。每年的3.15活动和九月份的全国质量月期间还会有不同形式的讲座、电视讲话、社区咨询、结对帮扶、发放资料等。

儿童玩具召回管理规定的发布实施，又给质量技术监督部门的宣传赋予了新的内容和要求。

第六条 生产者应当对其生产的儿童玩具质量安全负责，并按照本规定的要求，对儿童玩具进行缺陷调查、风险评估以及实施召回。

［释义与适用］ 本条是对生产者开展玩具召回义务的规定。

1. 生产者的义务体现在两个方面：第一，经营者的首要义务就是生产、销售合格产品，其提供的产品不能危害公众人身和财产安全；第二，在确认所经营的产品存在缺陷时，经营者的具有主动采取措施及时消除缺陷产品可能导致的危险的义务。有关措施包括：对公众发出警告、撤回已经发出的产品、召回已经售出的产品等。

2. 生产者提供的玩具及儿童用品等不能危害公众人身和财产安全，是产品质量法对产品质量的三项要求之一。

产品质量法第二十六条规定，生产者应当对其生产的产品质量负责。产品质量应当不存在危及人身、财产安全的不合理的危险，有保障人体健康和人身、财产安全的国家标准、行业标准的，应当符合该标准。该法第四十一条同时规定：因产品存在缺陷造成人身、他人财产损害的，生产者应当承担赔偿责任。

很显然，对于缺陷产品的民事赔偿是一种事后补偿，仅限于在缺陷产品造成消费者实际损害时才有具体的赔偿标准。但是，缺陷产品的出现除一部分具有偶然性外，大部分缺陷是一种批量出现的潜在的危害。在人们发现有关潜在的危害后，如不采取措施加以消除，势必有更多的人会受到伤害，承受痛苦。这是金钱所不能补偿得了的。

作为对产品质量法“事后补偿”的补充，对缺陷产品进行召回管理就是要求生产者在发现玩具产品存在缺陷时进行主动消除，防止和消除可能导致的危险，体现了对广大少年儿童和社会公众的人文关怀。此点也是本玩具召回规定的立足点。

3. 本规定所称生产者，指在中国境内注册，生产儿童玩具及儿

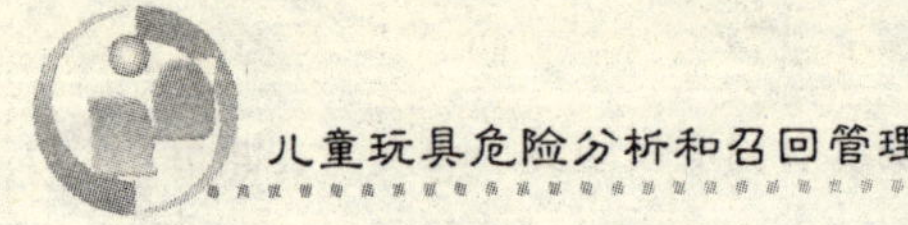

童用品并以其名义颁发产品合格证的企业，以及其产品已经销售到中国境内的外国企业。

对于国内的生产者而言，承担义务的主体等同于产品质量责任的承担主体。一般意义上的产品生产者是指完成最终产品制作、组装并以自己的名义进行销售的经营者。目前，在产品营销活动中出现了多种形式。在产品包装上的标注也会存在：生产商、制造商、总经销、授权、总公司、分公司、监制等多种情况。从现行的法规出发，标为制造商、生产商的是产品的生产者，承担产品质量的严格责任；在未标明制造商、生产商的情况下，经销商视同产品的生产商；同时标有总公司和分公司的，以分公司为生产商；仅标明“某集团公司”的，以该集团公司为生产商；产品的监制者对监制的产品质量问题承担连带责任。

本规定所称销售者，指从事销售儿童玩具及儿童用品的企业。

4. 参考资料

欧洲议会和理事会 2001/95/EC 号关于通用产品安全的指令（摘录）

第1章　目标—范围—定义

“生产商”意指：

1) 在欧共体范围内设立的产品的制造商，和在产品上附上其名称、商标或其他明显标志以表明其为制造商的任何其他人员，或对产品进行修复的人员；

2) 如果是未在欧共体范围内设立的生产商，则指制造商的代表，或者如果未在欧共体范围内设立代表，指产品的进口商；

3) 产品供应链中的其他专业人士，在此范围内其行为可能影响产品的安全属性。

第二章

信息系统与信息管理

第七条 国家质检总局应当组织建立儿童玩具缺陷和召回信息管理系统，包括儿童玩具缺陷信息收集系统以及与有关部门共同建立的儿童玩具伤害监测系统等。

［**释义与适用**］ 本条是对建立缺陷儿童玩具缺陷和召回信息系统的规定。

1. 质检总局负责在全国组建一个统一的缺陷儿童玩具和儿童用品的处理系统。对各种缺陷儿童玩具及儿童用品的信息进行收集、分析、处理、评估与发布有关产品缺陷信息。

参照缺陷汽车召回管理的成功经验，结合缺陷玩具伤害对象的特点，国家缺陷玩具召回信息管理的平台也将由以下五个部分组成：一是互联网站平台，动态披露玩具召回的相关政策和信息；二是电话投诉呼叫中心；三是专用电子邮件系统，包括咨询电子邮箱、投诉电子邮箱、制造商联系邮箱；四是制造商备案召回信息资料上传专用 FTP 平台；缺陷产品伤害电子反馈信息平台。

2. 这个处理系统除对省及以下质量监督检验检疫部门报送的信息进行处理以外，还包括缺陷产品伤害电子反馈信息系统的建

立和运行。

缺陷产品伤害电子反馈信息系统是指通过医疗机构收集、统计与处理因产品质量事故造成的儿童人身伤亡、疾病信息的收集系统。

3. 信息系统发布产品缺陷信息应当根据国家质检总局的指令做出。

4. 2004 年 9 月 28 日在京成立的国家质检总局缺陷产品管理中心,已经在开展缺陷汽车产品召回的过程中建立起一整套的管理机制,该中心的主要职能和工作范围是:

接受消费者投诉、提供咨询服务;

收集并整理缺陷产品信息、建立早期预警报告系统;

建立技术专家和产品检测机构数据库,监督管理产品检测与实验机构,组织技术专家或专家委员会进行缺陷产品调查和认定;

建立和维护网站,设立热线电话;

开展缺陷产品召回的宣传和培训;

开展缺陷产品的科学研究;

开展与国外有关机构的国际交流与合作等。

在现阶段,该中心必然将承担建立儿童玩具召回信息管理系统的责任。

第八条 国家质检总局可以通过儿童玩具缺陷和召回信息管理系统统一收集、处理、发布与儿童玩具缺陷、伤害、召回和消费预警等有关信息。

［**释义与适用**］ 本条是对儿童玩具缺陷及召回信息管理系统运用方式的规定。

儿童玩具缺陷和召回信息管理系统的运用包括:统一收集、处理信息、发布信息等。

一方面,建立起一个全国统一的儿童玩具召回及管理的信息汇集平台很有必要,只有最大限度地收集产品信息,才能就缺陷产品的管理作出正确的决策;另一方面,消费者也迫切需要权威的信息发布者,对自身的消费行为作出正确的选择和防止不必要的危害发生。

第九条 任何单位和个人可以向各级质量技术监督部门投诉或举报儿童玩具缺陷和伤害等有关信息。

［**释义与适用**］ 本条是对单位和个人投诉和举报权利的规定。

1. 任何单位和个人发现产品可能存在缺陷时,均可以进行投诉和举报。这表明,一层含义是不管是否是产品的直接用户,还是经营者的竞争对手或者社会公众,均可以就产品缺陷问题进行报告;第二层含义是,只要认定产品“可能”存在缺陷,则其报告就应当不受追究。

2. 投诉或举报应当采取有效的方式。目的是确保相关信息和报告起到应有的作用,相关各方不会在是否收到报告的问题上含糊不清。“有效”可以理解为有关报告应当采取有可据可寻的方式,如挂号信、电邮等方式。而主管部门和生产者也应当对收到的报告进行记录、登记,防止管理上的遗漏。

3. 投诉和举报者应注意区分缺陷产品和一般不合格产品。缺

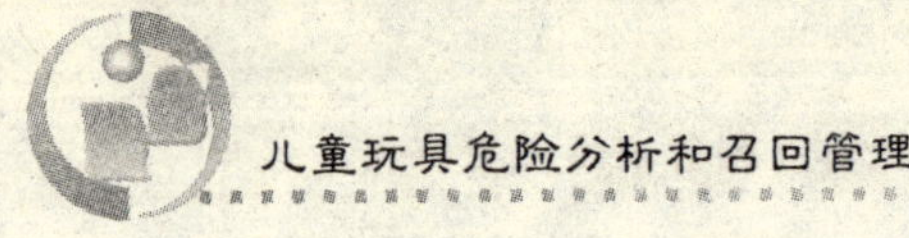

陷产品的概念区别于一般的产品不合格。通常把不合格产品理解为“未满足要求”的产品。

产品质量法中要求产品质量应当符合以下规定：

(1) 不存在危及人身、财产安全的不合理的危险，有保障人体健康和人身、财产安全的国家标准、行业标准的，应当符合该标准；

(2) 具备产品应当具备的使用性能，但是，对产品存在使用性能的瑕疵作出说明的除外；

(3) 符合在产品或者其包装上注明采用的产品标准，符合以产品说明、实物样品等方式表明的质量状况。

不符合以上三个条件的产品可以称为不合格产品。有时也把不合格产品称为存在瑕疵的产品。

很显然，不合格产品不一定是缺陷产品；而缺陷产品，一定是不合格产品。

缺陷产品造成人身伤害、他人财产损失的，生产、经营者应承担全部赔偿责任；不合格产品影响消费者正常使用的，经营者承担修理、重作、退换或违约赔偿责任。

在实际生活中，为区分不合格产品中不存在安全问题的一类产品，人们引入了瑕疵的概念。产品瑕疵是指产品不能满足和符合预定要求，但不会带来安全问题。

4. 生产者是开展缺陷调查的第一责任主体。在接到相关产品缺陷的报告后，生产者应当按照规定开展缺陷的调查和确认，有关计划和结论应当按本规定相关要求向质量技术监督部门报告。

5. 相关法规

《产品质量法》

第十条　任何单位和个人有权对违反本法规定的行为，向产品质量监督部门或者其他有关部门检举。

产品质量监督部门和有关部门应当为检举人保密，并按照省、自治区、直辖市人民政府的规定给予奖励。

第十条 生产者应当将其从业基本信息以及消费者投诉或举报、产品伤害事故、产品伤害纠纷、产品在国外召回情况等信息向所在地的质量技术监督部门备案。

省级质量技术监督部门按照国家质检总局有关规定组织管理前款规定的信息备案工作。

［**释义与适用**］ 本条是对生产者进行信息备案义务的规定。

1. 生产者备案内容包括：从业基本信息、产品信息、伤害信息和召回信息。

生产者从业基本信息的内容包括：企业的名称、地址、法人代码，法定代表人的姓名，联系方法（电话、电子邮箱、传真等）。

产品的有关信息的内容包括：产品识别信息，如产品类别、特征、生产日期批号等；产品技术资料信息，如产品技术参数、质量指标、缺陷特征及处理方法等。

伤害信息包括：客户相关投诉及处理情况记录、缺陷产品侵权损害赔偿情况，相关经销商及维修站的名称、地址、电话及联系方法等。

召回信息包括在国外自愿召回和被有关政府禁止销售及因质量安全问题退货的情况。

2. 进口产品的相关信息应当由境外生产者代表或者进口商负责报告和递交备案。

3. 报告、备案相关信息应当使用简体中文，特殊情况下，经质检总局同意，也可以使用英文。

4. 信息备案的主管部门是省级质量技术监督部门。

5. 参考资料

《产品召回手册》之报告要求(摘录)

(美国消费产品安全委员会)

A. 第15部分

《消费产品安全法令》第15(b)部分为消费产品制造商、进口商、经销商和零售商规定了报告要求。每个消费产品的制造商、进口商、经销商和零售商如果得到了正在经销的某种产品有以下任何一种情况的信息时，都必须立即通知委员会：

(1) 不能达到消费产品安全标准或禁止法规所规定的要求；

(2) 产品包括有某种可能会给消费者造成潜在危险的缺陷；

(3) 能够产生人身伤害和死亡的不正当风险；或者

(4)不符合某个自愿性标准，而该自愿性标准是CPSA所规定的委员会的依据。

如果公司所经销的产品违反了根据以下法令而制定的规定，而且违规行为致使产品有实际上能够给消费者带来人身伤害和死亡的潜在风险的缺陷，则公司也应该立即报告委员会：《可燃性纤维制品法令》;《联邦危险品法令》;《防止有毒物的包装法令》;《电冰箱安全法令》等。

B. 第37部分

CPSA的第37部分要求消费产品制造商报告已经解决的或已经判决的诉讼。如果出现了以下情况，制造商必须向委员会汇报：

(1) 某特定型号的产品在两年的周期内出现3次民事诉讼；

(2) 每次诉讼都牵涉到特定型号产品致使人员死亡或严重的人身伤害：伤残或毁容、断肢或截肢、重要身体功能的丧失、内部器官的衰弱或失调、需要住院的损伤、严重烧伤、严重电击、或其他具有相同严重程度的伤害。

C. 第102部分

《儿童安全保护法令》的第102部分要求公司向委员会报告儿童哽住的事件。包括：

(1) 孩子(不管年龄大小)被某弹子、小弹丸、气球或小零部件哽住；

(2) 此类事故导致孩子死亡、受到严重伤害、呼吸暂停或不得不因此接受医疗专业人员的治疗。

欧洲议会和理事会2001/95/EC号关于通用产品安全的指令(摘录)

附录Ⅰ 关于由生产商和分销商提供给主管机构的不符合通用安全要求的产品的信息的要求

3. 当出现严重危害时，信息至少要包括以下各项：

(a) 可以精确鉴别有关产品或产品批次的信息；

(b) 对有关产品可能造成的危害的全面描述；

(c) 与跟踪产品有关的有效信息；

(d) 对于为防止对消费者造成危害而采取的行为的描述。

第十一条 各级地方质量技术监督部门在本行政区域内负责收集、处理儿童玩具缺陷和伤害投诉、举报、备案等信息，并将有关信息逐级上报。

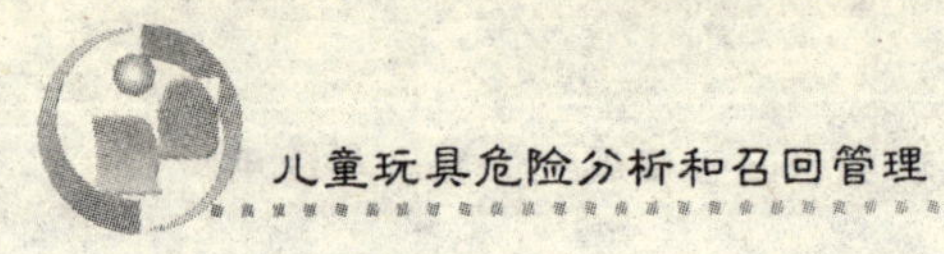

［释义与适用］ 本条是对儿童玩具的信息报告制度的规定。

1. 缺陷儿童玩具及儿童用品的信息收集由两个层级的相关部门完成：一是省级质量技术监督部门和省以下各级质量技术监督部门负责相关信息的收集和上传；二是国家质检总局建立的儿童玩具缺陷和召回信息管理系统负责相关信息的统一管理。

2. 一般性规定。国内市场的儿童玩具及儿童用品的信息的收集、分析与处理由各省、自治区、直辖市质量技术监督部门负责。信息的报送应当定期进行。本召回规定未对报送周期作出规定。一般情况下，如无特殊情况，应当至少一个季度报送一次。

信息收集的渠道和来源包括：

消费者投诉；

企业备案信息；

产品检验机构及实验室的报告；

监督抽查中发现的质量问题；

医疗伤害信息系统披露的信息；

新闻媒体报告；

保险公司质量问题赔偿的信息。

3. 对于玩具及儿童用品产品的主要生产地和交易集散地的相关信息的报送各县级以上质量技术监督部门负责。

信息来源的主要渠道：通过对企业质量档案的管理发现相关信息和线索；通过与地方消费者协会和同业协会的联系搜集信息；通过走访骨干生产企业了解信息；通过直接受理消费者投诉搜集信息。

4. 质量建档是加强和提高生产者质量管理水平及时发现和解

决儿童玩具质量问题的有效途径。

为加强对所属企业的管理，各地质量技术监督部门采取多种措施开展了对辖区内企业的质量跟踪，建立质量档案就是方法之一。通常，质量档案的内容包括企业基本情况和监管信息两个部分。有效实施监管信息的动态管理是实现玩具及儿童用品相关信息及时报送的重要保证。

2007 年 8 月 23 日，国务院召开电视电话会议，对产品质量和食品安全专项整治进行动员部署，会上宣布的《全国产品质量和食品安全专项整治行动方案》明确提出的目标之一是：到 2007 年年底，对包括玩具在内的涉及人身健康和安全的产品生产企业 100％建立质量档案。

第十二条 生产者应当加强儿童玩具设计、原料采购、生产销售和产品标识以及消费者投诉、产品伤害事故、产品伤害纠纷、产品在国外召回情况等信息管理，建立健全相关信息档案。

[**释义与适用**] 本条是对生产者建立儿童玩具信息档案的规定。

1. 生产者应当建立起生产过程控制的相关信息档案和产品销售后的相关信息档案。

相关信息包括：生产记录、质量控制记录、销售记录、消费者投诉和保修记录和其他相关的信息。

2. 相关记录保存的期限应当与有关产品的安全使用期相适应。

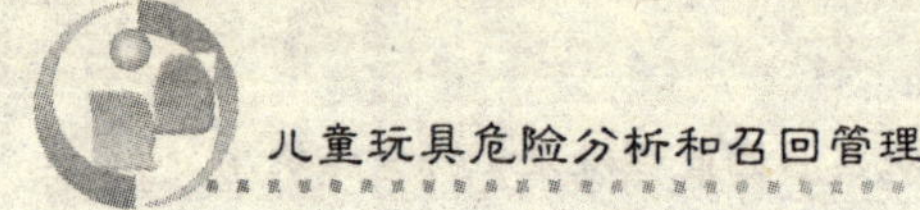

这里，应当考虑到产品质量法关于产品存在缺陷造成损害的要求赔偿的最长请求期限的规定。在产品质量法第四十五条中，规定，因产品存在缺陷造成损害要求赔偿的请求权，在造成损害的缺陷产品交付最初消费者满10年丧失，但是，尚未超过明示的安全使用期的除外。

关于质量法中的10年的规定，有些人认为，如果产品的寿命只设计为5年，则不受10年之限的约束。笔者认为这是认识上的误区。对照质量法关于数年时限的表述方法和“尚未超过明示的安全使用期的除外”的但书规定，不难看出，10年的规定是底线，即最少10年，明示超过10年的，按明示期限。这就要求生产者在生产产品时充分考虑安全因素，采取必要的安全措施。对于设计寿命少于10年的产品，应当采取本质安全技术，防止在误用的情况下产生安全问题。

3. 生产者应当采取措施，预防和消除产品缺陷。

1）生产者预防产品缺陷的措施包括：

生产者在开发和设计产品时，应当充分论证与试验，防止缺陷的产生。从各种出现的产品缺陷分析。产品的设计是影响产品安全性的重要因素，生产者应当在产品设计阶段就对影响产品安全的诸多因素进行考虑，其根本目的在于保证使用者按规定说明使用产品时，按产品说明书操作和维护保养时不会发生任何危险。论证和试验是否充分，应当视当时的科学技术水平进行评价。

生产者应当对产品制造的全过程进行控制，防止批量产品质量问题造成产品缺陷。在产品质量法中明确提出，国家鼓励企业推行科学的质量管理方法，采用先进的科学技术，提高管理水平和产品质量水平。企业应当根据自身条件和生产特点，加强质量控制技术的应用，积极采用国际通行的质量管理（体系）标准，提高控制水平、降低生产成本。

2）生产者应当建立消除产品缺陷的文件化的管理制度并贯彻执行，确保及时发现产品缺陷并能够有效地作出反应。这些管理制度包括：信息收集制度、缺陷分析制度、通报制度、验证制度和缺陷消除制度。

3）企业运行相关产品缺陷管理的制度，应当进行记录并保存有关信息。

需要指出的是，完整的生产记录是生产者免责的重要依据。

根据产品质量法的规定，因产品存在缺陷造成人身、缺陷产品以外的其他财产（以下简称他人财产）损害的，如果生产者能够证明有下列情形之一的，不承担赔偿责任：

（一）未将产品投入流通的；

（二）产品投入流通时，引起损害的缺陷尚不存在的；

（三）将产品投入流通时的科学技术水平尚不能发现缺陷的存在的。

其中，“未将产品投入流通”的免责条件是指生产者未基于经营的目的将产品（不论是有偿还是无偿地）交付给他人。如工厂产品被盗后偷盗人将存在产品缺陷的产品偷带回家使用或转卖他人使用造成的损害后果不应由工厂承担责任；造假者生产的“假冒产品”产生的损害后果不应由被仿冒的厂家承担责任等。

“产品投入流通时，引起损害的缺陷尚不存在的”的免责条件是产品在出厂时各项指标均经过检验合格不存在引起损害的缺陷，产品缺陷不是由于生产者的生产工艺等原因造成的，而是由于产品进入流通后的后续经营者（进口商、批发商、零售商、运输商等原因）造成的，或者是由于使用不当造成的。

生产者适用以上免责条件的最大问题是，大多数情况下不能

有效举证，而最终承担举证不能的后果。为此，笔者建议有关厂商应当按照产品的使用寿命周期保留相关生产记录并探索对产品出厂检验方式的改革。如由第三方公证检验机构进行产品出厂检验，出具出厂检验合格证明等，从而在出现纠纷时能够有效对照免责条件，提供效力较强的公证证据，减少不必要的损失。

第十三条 销售者应当加强儿童玩具进货、销售等信息管理，妥善保存消费者投诉、产品伤害事故、产品伤害纠纷等信息档案。

[**释义与适用**] 本条是销售者建立儿童玩具信息档案的规定。

销售者建立信息档案的内容包括：进货验收记录，生产企业或供货方的详细资料；消费者有关产品的投诉及处理记录；相关产品的伤害记录。

1. 缺陷产品的销售者的一般义务包括：配合消除缺陷义务、保存相关信息和记录的义务、不销售存在缺陷的产品的义务，无法确定产品生产者或产品缺陷是因为销售者原因造成时，消除产品缺陷的义务。

2. “无法确定产品的生产者”是指销售者所经销的产品未标明产品厂名、厂址而根据标明的生产厂厂名和厂址无法确定生产者的情况。此时的产品责任由销售者承担，消除产品缺陷的义务也落在销售者的身上。

3. “销售者原因造成产品缺陷”是指产品在出厂时并不存在产品缺陷。而是在销售环节由于销售者保管不善，或对产品进行维修和改动，或超过产品保质期限销售等原因造成产品缺陷的，销售者应当承担产品缺陷的消除义务。

4. 销售者发现产品存在缺陷时，应当及时采取相关措施，包括：立即停止销售，向主管部门和生产者报告，配合生产者消除产品缺陷等。

5. 销售者能够证明产品缺陷的发生不是由其行为造成的，不承担消除产品缺陷的责任但在发现和知道产品存在缺陷时有义务停止销售缺陷产品并向有关主管部门报告。

6. 产品的生产者和销售者对产品存在的缺陷都有责任的，共同承担消除产品缺陷的责任。

第三章

缺陷调查与风险评估

第十四条　生产者获知其提供的儿童玩具可能存在缺陷的，应当立即启动缺陷调查，确认是否存在缺陷。

［**释义与适用**］　本条是生产者自行调查、确认缺陷义务的设定。

生产者组织调查的义务：生产者在获知其提供的产品可能存在缺陷时，应当立即调查，对产品缺陷的危险性进行评估。获知信息的渠道包括：用户的反映、出现质量事故的反馈、主管部门对同类产品的缺陷调查、产品质量检验的结果、重大标准修订、主管部门的要求等。

广义讲，产品召回在企业内部并不是一个独立的行为，需要企业全部力量的支撑，特别是决策层面的认可。这涉及决心、勇气和企业文化的认可。有时，产品召回的影响是巨大的和不可挽回的，这一点区别于一般的消费纠纷的处理。

对于国内的制造商和消费者而言，产品召回只不过是近三四年以来才涉及的概念。已经发生的召回行动中，有一定比例还存在作秀的成分。这主要是因为总体上还没有形成一种机制。在这种机制下，产品召回是企业管理的一部分；消费者不会因为某个厂商实施了产品召回而惊恐不安；媒体也不会借助产品召回危言耸听吸引眼球。

总而言之，产品召回只不过是企业基础管理的内容之一。

从企业的组织层面上，应当成立“产品召回管理委员会”，对涉及产品召回的重大事项进行决策，如启动调查程序、决定是否召回以及如何通报等。委员会的组成人员均可以根据自身所收到的相关信息启动产品召回程序。根据企业规模或产品结构委任“产品召回协调员”，对具体的事件进行调查并提出分析意见。

从操作层面上，主要分为信息的收集和调查、技术分析和决策、召回工作的启动、召回产品的处理、对召回结果的分析反馈和有关通报工作。

第十五条 省级以上质量技术监督部门获知儿童玩具可能存在缺陷的，可以启动缺陷调查，并通知生产者。

省级质量技术监督部门可以对本行政区域内生产者生产的儿童玩具进行缺陷调查，并报告国家质检总局。

国家质检总局可以对损害结果严重或影响较大的儿童玩具进行缺陷调查，并通知生产者所在地的省级质量技术监督部门。

[释义与适用] 本条是质量技术监督部门启动玩具缺陷调查方式的规定。

省级质量技术监督部门可以自行组织对本行政区域内生产者生产儿童玩具的缺陷调查。

国家质检总局可以对损害结果严重或影响较大的儿童玩具进

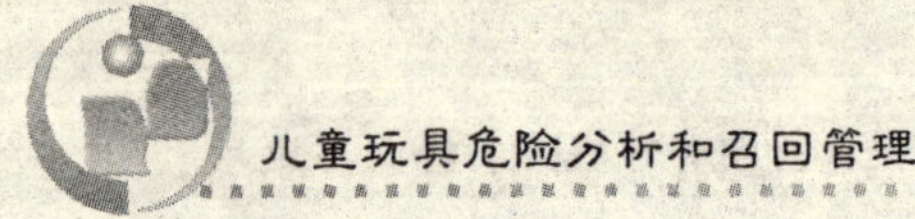

行缺陷调查。

考虑到玩具产品生产者不同于汽车制造商的特性殊，省级质量技术监督部门开展相关调查工作有着更大的便利性。因此，在本规定中，突出了省级质量技术监督部门的作用。

第十六条 生产者、销售者等经营者应当配合省级以上质量技术监督部门进行的缺陷调查，提供调查所需要的有关资料。

［**释义与适用**］ 本条是生产者、销售者配合开展缺陷调查义务的设定。

生产者应当配合主管部门开展对其生产的产品可能存在的缺陷进行的调查。

配合主管部门开展调查的内容包括：

提供调查所需的有关资料：产品的基本信息、技术标准、销售情况和记录、用户投诉记录、企业自身开展的缺陷调查资料等。

协助进行必要的技术检测。根据需要和条件，可以在生产企业进行现场检测。

提供调查所需的资料一般包括：经营者基本信息、产品有关信息、销售和用户信息、质量事故记录、保修记录、技术服务通告文件等。

第十七条 生产者应当及时将缺陷调查结果报告发出调查通知的省级以上质量技术监督部门。

省级质量技术监督部门应当及时将缺陷调查结果通知生产者并报告国家质检总局。

国家质检总局应当及时将缺陷调查结果通知省级质量技术监督部门和生产者。

[**释义与适用**] 本条是对缺陷调查结果处置方式的规定。

1. 生产者的报告义务：生产者在确认产品缺陷存在时，应当及时向发出调查通知的省级质量技术监督部门或国家质检总局报告。

2. 省级质量技术监督部门的调查结果双向传递，一是向国家质检总局报告，二是通知生产者。

3. 国家质检总局的调查结果是向下通知的形式，一是通知生产者，二是通知生产者所在地的省级质量技术监督部门。

第十八条 生产者缺陷调查结果与省级以上质量技术监督部门的缺陷调查结果不一致的，生产者可以向省级以上质量技术监督部门说明情况，提出异议。

省级以上质量技术监督部门可以采取听证等方式对异议进行处理，并做出确认缺陷调查结果的决定。

[**释义与适用**] 本条是产品缺陷调查结果异议的处理的规定。

1. 生产者对缺陷调查结论具有异议权。

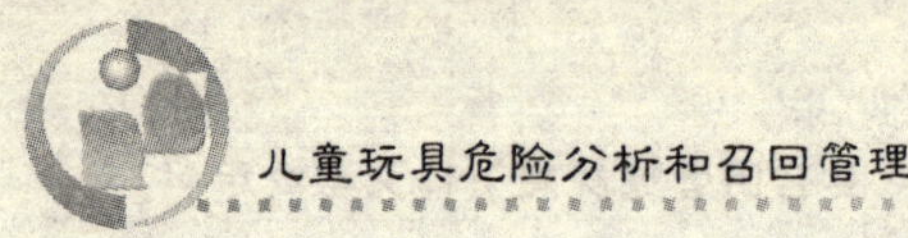

2. 处理异议的方式包括采取听证等。

根据国务院关于《全面推进依法行政实施纲要》提出的要求，完善行政程序，实行政务公开是各级行政机关在实施政务活动中应当遵循的原则。纲要要求各行政机关严格按照法定程序行使权力、履行职责。行政机关作出对行政管理相对人、利害关系人不利的行政决定之前，应当告知行政管理相对人、利害关系人，并给予其陈述和申辩的机会；作出行政决定后，应当告知行政管理相对人依法享有申请行政复议或者提起行政诉讼的权利。对重大事项，行政管理相对人、利害关系人依法要求听证的，行政机关应当组织听证。

召回管理规定中赋予玩具产品生产者具有要求听证的权利，正是体现了依法行政的主要精神。

3. 省级以上质量技术监督部门对缺陷调查结果具有决定权。

4. 相关法规

《中华人民共和国行政许可法》(摘录)

第四十七条　行政许可直接涉及申请人与他人之间重大利益关系的，行政机关在作出行政许可决定前，应当告知申请人、利害关系人享有要求听证的权利；申请人、利害关系人在被告知听证权利之日起五日内提出听证申请的，行政机关应当在二十日内组织听证。

《中华人民共和国行政处罚法》(摘录)

第四十二条　行政机关作出责令停产停业、吊销许可证或者执照、较大数额罚款等行政处罚决定之前，应当告知当事人有要求举行听证的权利；当事人要求听证的，行政机关应当组织听证。

《技术监督行政案件听证工作规则》(摘录)

(原国家技术监督局令第49号,1996年9月18日)

第三条 本规则所称听证,是指技术监督行政部门依法对本部门办理的属于听证范围的案件,在作出行政处罚决定之前,根据行政相对人的申请,以听证会的形式,听取行政相对人、案件承办人对案件的违法事实、处罚依据等进行的陈述和质证的活动。

第十九条 经调查确认儿童玩具存在缺陷的,应当根据儿童玩具缺陷对儿童健康和安全产生损害的可能性、程度、范围等,对缺陷进行风险评估,并根据风险评估结果实施召回。

风险评估的规则按照国家质检总局有关规定执行。

[**释义与适用**] 本条是对缺陷开展风险评估的规定。

1. 缺陷产品因其产品特征、结构和产生缺陷的原因的不同,其潜在的危害性也不尽相同。风险评估就是通过综合分析评价寻求到兼顾消除危害性和召回处理经济性的最佳方案,用最少的投入取得消除产品缺陷的最大的效果。

2. 风险评估主要有两个目的

① 认定缺陷。判断产品的风险是否可接受,即:产品质量问题所带来的风险是否符合法律法规中缺陷的基本条件。

② 确定消除缺陷的措施。认定产品存在缺陷后,应立即组织

专家进行风险评估，对产品的危险程度进行分析、分级，通过对缺陷产品进行风险评估，确定缺陷产品对儿童和消费者造成伤害风险的严重程度，采取与缺陷风险等级相适应的措施消除缺陷。

3. 风险评估的结果

根据通常的风险评估原则，通过评估可以将风险分为以下三个等级：

① 严重风险。可能有死亡、严重人身伤害或严重患病的风险的可能性，或者可能性非常大，或者说很有可能造成严重的人身伤害或患病。应尽快采取措施，在最短时间内尽可能通知全部用户通过产品修理或替换、退款或其他方式来消除缺陷隐患，缺陷产品回收率应达到较高的水平；

② 中等风险。出现死亡、严重人身伤害或患病的风险不是很大，但有可能；或者说可能会出现严重人身伤害以及使人患病的情况，或者说出现中度人身伤害或使人患病的可能性较大。需要采取一些措施，如：发布产品安全警示等；

③ 轻微风险。出现严重人身伤害或患病的风险不是很大，但有可能，或者说不是肯定会出现中度人身伤害以及使人患病的情况，但也可能出现这种情况。通常对销售的产品不需要采取措施，生产商应在设计、生产中对产品进行改进和完善。

第二十条 省级以上质量技术监督部门可以组织设立专家委员会，为缺陷调查和风险评估提供技术支持。

省级以上质量技术监督部门可以委托具有法定资质的产品质量检验机构或实验室，为缺陷调查和风险评估提供技术支持。

［释义与适用］ 本条是关于进行缺陷调查和风险评估技术支持形式的规定。

开展缺陷调查和风险评估的技术支持来自两个方面，一是专家委员会；二是通过资质认定产品质量检验检测机构或实验室。

1. 专家委员会是综合专家个人的专业知识对产品是否存在缺陷及缺陷风险的大小进行评议的组织。组织专家委员会参预缺陷产品调查，能够很好地将科学决策纳入到缺陷产品的行政管理中，最大限度地减少错误的决定。

(1) 专家组成员应当具备的基本条件

① 有良好的业务素质和职业操守，无违法受到处罚的记录；

② 具有高级技术职称，最近从事玩具相关专业的教学、科研、检验、认证等工作三年以上的；

③ 了解缺陷产品召回管理的有关法律、法规和规定；

④ 身体健康，自愿从事儿童玩具缺陷认定和相关评估技术工作。

(2) 以下人员不得成为专家组成员

① 从事或受聘于玩具制造的；

② 与被调查企业有利害关系可能影响公证的。

2. 关于产品质量检验机构或实验室的法定资质是指按照《中华人民共和国计量法》第二十二条及《计量法实施细则》第三十二条、《中华人民共和国认证认可条例》第十六条的规定，对照《实验室和检查机构资质认定管理办法》、《实验室资质认定评审准则》的具体要求，取得相关资质证书的检验机构或实验室。根据以上要求，此类检验机构或实验室必须具备以下条件：

① 申请单位应依法设立，能承担相应的法律责任。有规范的

名称和组织机构及明确的检验业务范围。建立并有效运行相应的质量体系和管理制度，独立、客观、公正地从事向社会出具公证数据的检测活动。

② 具有与其从事检测活动相适应的专业技术人员和管理人员。

③ 具备固定的工作场所，工作环境应当保证检测数据和结果的真实、准确。

④ 具备正确进行检测活动所需要的并且能够独立调配使用的固定的和可移动的检测、校准设备设施。

⑤ 满足《实验室资质认定评审准则》的要求。

⑥ 取得计量认证证书和实验室认可证书，检测能力覆盖所开展的检验检测项目。

3. 参考资料

关于实施《中华人民共和国产品质量法》若干问题的意见（摘录）

（质技监局政发[2001]43号）

十、关于办案证据的确认问题

1. 质量技术监督部门在行政执法过程中，需对涉嫌假冒的产品进行鉴定，鉴定结论可以作为办理技术监督行政案件的重要证据之一。质量技术监督行政执法部门经过查证，可以将被假冒生产企业出具的鉴定结论和提供的其他证明材料，作为认定该产品真伪的依据。

2. 质量技术监督部门若通过检验对产品的内在质量进行判断，应当以法定检验机构出具的检验报告为准。

第四章

召回的实施

第一节　主动召回

第二十一条　确认儿童玩具存在缺陷的，生产者应当立即停止生产销售存在缺陷的儿童玩具，依法向社会公布有关儿童玩具缺陷等信息，通知销售者停止销售存在缺陷的儿童玩具，通知消费者停止消费存在缺陷的儿童玩具，并及时实施主动召回。

〔**释义与适用**〕　本条是关于生产对于缺陷产品处置程序的规定。

1. 生产者是实施缺陷产品召回的主体。在生产者确认其生产的儿童玩具及儿童用品存在缺陷时应当实施包括主动召回在内的消除产品的措施。有关程序包括：停止生产、公布信息、通知停止销售、通知消费者立即停止使用、实施主动召回等。

2. 相关措施的采取应当与缺陷儿童玩具及儿童用品危害相适应。

3. 有关措施包括：警告、撤回和召回。

4. 生产者的通知义务

生产者应当对照以下目标确定实施公布信息和发布通知的范

围和程序:尽可能快地找到所有有缺陷的产品;将有缺陷的产品从经销链和消费者处清走;及时地向公众传达准确而易于理解的有关产品缺陷、危险和补救措施的相关信息。

在确认缺陷存在时,生产者应当设计好所有信息资料及时通知其他相关经营者和消费者。相关经营者包括涉及产品缺陷的原材料、构配件的提供者,涉及制造缺陷的加工方,产品的分销商或经销商,产品质量售后服务网点等。

5. 参考资料

《产品召回手册》之"传达产品召回信息"(摘录)

(美国消费产品安全委员会)

鼓励公司创造性地制定一些方法来将产品召回信息传达给被召回产品的所有者,并鼓励他们作出反应。以下是一些可能适用的通告实例,所列举的方法只作为参考指导之用,它们并不是很全面。

① CPSC和公司的联合新闻发布;

② 有目标地发布新闻;

③ 设置专用的免费电话和/或传真,以便消费者能够通过打电话或发传真的方式对产品召回作出反应;

④ 在公司的互联网网站上发布相关信息;

⑤ 采用电视新闻发布的方式,以作为书面新闻发布的补充;

⑥ 全国性的记者招待会和/或者电话或无线电公告;

⑦ 直接通知公司已经知道的拥有该产品的消费者——可通过登记卡、销售卡、产品订购目录或其他方式得知此类客户;

⑧ 通知经销商、代理商、销售代表、零售商、服务人员、安装人员及其他可能处理该产品或与该产品相关的人员;

⑨ 按照可能使用该产品的群体的邮寄清单寄出通知；

⑩ 通过电视和/或无线电发出通告；

⑪ 在全国性的报纸和/或杂志上发布通知，以便向目标产品用户传达相关信息；

⑫ 通过本地或地区性的媒体发布通知；

⑬ 采取向消费者提供奖励的办法来鼓励消费者返还该产品，这些奖励方法如现金奖励、礼物、赠品或赠券；

⑭ 在销售点张贴海报；

⑮ 在产品目录、简讯和其他市场营销资料上发布通知；

⑯ 将海报贴在用户可能看到的地方，如商店、门诊所、儿科医生办公室、日间托儿所、修理店、产品租赁处等；

⑰ 向修理店/零部件商店发布通知；

⑱ 服务公报；

⑲ 和产品更换部件/附件附在一起的通知；

⑳ 发通知给日间托儿所；

㉑ 发通知给旧货店。

公司必须提前将在媒体上发布的给客户和消费者的各种通告或其他通知的草案提前交给委员会工作人员。

第二十二条 生产者向社会发布有关信息的，应当遵守法律法规和国家质检总局有关规定。

生产者向销售者和消费者通知的内容应当准确、清晰和完整，通知的途径或方式应当适当、便于公众查询。

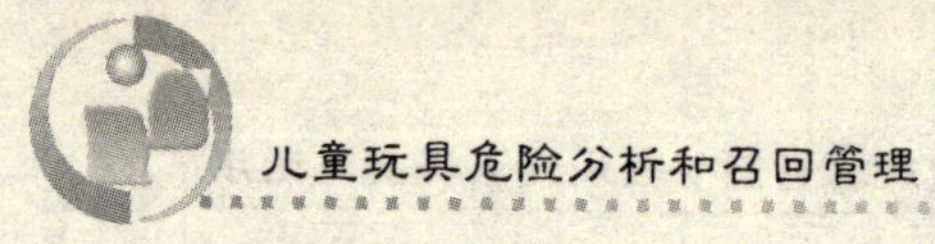

［**释义与适用**］ 本条是对生产者发布信息和通知的要求的规定。

1. 发布信息应当符合法律法规和国家质检总局的有关规定

① 通知的对象包括缺陷产品的相关经营者和消费者。

② 通知的内容是经过向主管部门备案的消除缺陷产品计划的内容。

③ 对相关经营者的通知应当包括立即停止提供所涉及的缺陷产品的要求；对消费者的通知应当包括停止使用有缺陷的产品的明确信息。

2. 供公众查询和解答各方询问的途径包括热线电话、有关媒体和网站。有关媒体和网站应当由主管部门指定。

3. 相关法规

《中华人民共和国反不正当竞争法》（摘录）

第九条 经营者不得利用广告或者其他方法，对商品的质量、制作成分、性能、用途、生产者、有效期限、产地等作引人误解的虚假宣传。广告的经营者不得在明知或者应知的情况下，代理、设计、制作、发布虚假广告。

《消费者权益保护法》（摘录）

第八条 消费者享有知悉其购买、使用的商品或者接受的服务的真实情况的权利。

消费者有权根据商品或者服务的不同情况，要求经营者提供商品的价格、产地、生产者、用途、性能、规格。等级、主要成分、生产日期、有效期限、检验合格证明、使用方法说明书、售后服务，或者服务的内容、规格、费用等有关情况。

第十八条　经营者应当保证其提供的商品或者服务符合保障人身、财产安全的要求。对可能危及人身、财产安全的商品和服务，应当向消费者作出真实的说明和明确的警示。并说明和标明正确使用商品或者接受服务的方法以及防止危害发生的方法。经营者发现其提供的商品或者服务存在严重缺陷，即使正确使用商品或者接受服务仍然可能对人身、财产安全造成危害的，应当立即向有关行政部门报告和告知消费者，并采取防止危害发生的措施。

第十九条　经营者应当向消费者提供有关商品或者服务的真实信息，不得作引人误解的虚假宣传。经营者对消费者就其提供的商品或者服务的质量和使用方法等问题提出的询问，应当作出真实、明确的答复。

第二十三条　生产者召回儿童玩具的，应当及时将主动召回计划提交所在地的省级质量技术监督部门备案。

生产者提交的主动召回计划应当包括以下内容：

（一）停止生产销售存在缺陷的儿童玩具的情况；

（二）通知销售者停止销售存在缺陷的儿童玩具的情况；

（三）通知消费者停止消费存在缺陷的儿童玩具的情况；

（四）向社会公布有关信息的情况；

（五）召回的实施组织、联系方法、范围和时限等；

（六）召回的具体措施，包括补充或修正消费说明、退货、换货、修理等；

（七）召回的预期效果；

（八）存在缺陷的儿童玩具退换后的无害化处理措施；

（九）其他有关内容。

生产者在召回过程中对召回计划有变更的，应当及时向所在地的省级质量技术监督部门说明。

［**释义与适用**］ 本条是对经营者拟定消除产品缺陷计划和备案要求的规定。

1. 生产者开展主动消除产品缺陷活动，应当拟定消除产品缺陷的“活动计划”，并提交省级质量技术监督部门备案。

2. 除条文所列的八项基本内容外，经营者应当详细报告缺陷产品的识别信息：如产品铭牌、型号、生产日期、产品照片、缺陷描述和可能（计划）召回的数量等。如果缺陷产品产生的原因是由于零部件（原材料）供应造成的，则应当提供该供应商的相关信息，如名称、地址、法定代表人或负责人姓名及联系方式。

3. 省级质量技术监督局部门可以对经营者提交备案的材料进行审查并提出要求。

第二十四条 省级质量技术监督部门应当将主动召回计划备案和变更等情况及时报送国家质检总局。

［**释义与适用**］ 本条是对省级质量技术监督部门报送材料的相关规定。

省级质量技术监督部门应当将生产者按照第二十三条规定报

送的有关材料及时报国家质检总局。

第二十五条 省级以上质量技术监督部门可以根据需要，对生产者实施主动召回的情况进行监督。

省级以上质量技术监督部门认为生产者进行的主动召回未取得预期效果的，可以要求生产者采取更为有效的召回措施，或者依法采取其他措施。

［**释义与适用**］ 本条是对省级质量技术监督部门对召回实施监督的相关规定。

企业进行的主动召回的有关材料报省级质量技术监督部门备案后，省级质量技术监督部门应当依据有关备案材料进行过程监督并根据情况进行干涉。

第二十六条 生产者应当在主动召回报告确定的召回完成时限期满后15个工作日内，向所在地的省级质量技术监督部门提交主动召回总结。

省级质量技术监督部门应当对生产者主动召回总结进行审核，并将有关情况及时报送国家质检总局。

［**释义与适用**］ 本条是对生产者提交召回总结的义务的规定。

1. 生产者消除产品缺陷应当按备案的计划进行。

有效消除产品缺陷是整个消除产品缺陷工作的目的。因此，

不排除在消除产品缺陷的过程中对计划进行修订和调整。但是应当继续履行备案手续。

2. 生产者的报告义务一般是指阶段报告和总结报告。阶段报告是指经营者在实施召回相关工作时就相关事项进展情况进行的报告;总结报告是指经营者在完成召回计划后的15日内就整个缺陷产品召回工作进行的总结。对于经营者自主开展召回工作过程中的阶段报告,不做强制要求。

3. 总结报告除对照备案的召回工作计划进行针对性的总结外,内容还应当包括(不仅限于):实施召回工作的总体情况、缺陷产品产生的原因;召回计划的实施的详细情况,包括召回的具体技术措施和方法;缺陷产品的销售范围和数量;召回效果,包括已召回并消除缺陷的和仍未召回的产品数量;对尚未召回的缺陷玩具及儿童用品的原因的说明,及所要采取的针对性措施;对防止同样缺陷产品再次发生和对召回行动改进的建议等。

第二节　责令召回

第二十七条　确认儿童玩具存在缺陷,生产者应当主动召回但未召回的,或者经确认国家监督抽查中发现生产者生产的儿童玩具存在安全隐患,可能对人体健康和生命安全造成损害的,国家质检总局应当向生产者发出责令召回通知或公告,并通知所在地的省级质量技术监督部门,依法采取相应措施。

[**释义与适用**] 本条是关于国家质检总局责令召回缺陷儿童产品的规定。

1. 责令召回是对经营者自主召回形式的补充，也是一种特殊的强制召回措施。

2. 责令召回在以下情况下启用：

生产者应当主动召回缺陷产品但未召回的；

国家监督抽查中发现生产者生产的儿童玩具存在安全隐患，可能对人体健康和生命安全造成损害的。

3. 责令召回在一般情况下是对生产者发出要求其开展产品召回的责令召回通知。在特殊情况下，国家质检总局可以对社会公众发布相关缺陷产品的公告，在要求生产者召回的同时，提醒用户，避免伤害。

责令召回的通知或公告由国家质检总局发出。省级质量技术监督部门在收到相关通知后可以采取以下措施：对相关企业实施监督检查，对生产者是否停止生产相关产品的情况进行核实调查，依本规定和相关法律法规的规定对生产者实施行政处罚。

第二十八条 生产者在收到国家质检总局发出的责令召回通告后，应当立即停止生产销售所涉及的儿童玩具。

[**释义与适用**] 本条是关于生产者停止生产责令召回涉及产品的义务的规定。

1. 生产者在收到责令召回通告后应当立即停止生产销售所涉

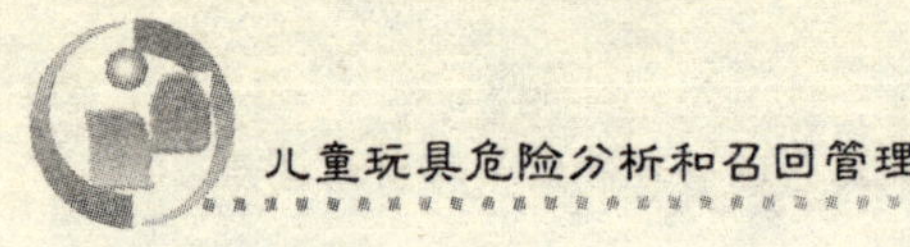

及的相关产品。

2. 停止生产销售相关产品还包括由生产者采取措施确保对产品的代理商、批发商和经销商等相关经营者停止销售相关产品。

3. 国家质检总局的责令召回通告具有具体行政行为的特征，生产者在停止生产销售相关产品的同时可以提起行政复议，也可以向人民法院提起行政诉讼。

行政复议向国务院法制局提出，行政诉讼向国家质检总局办公所在地的中级人民法院提出。

第二十九条 生产者应当在接到国家质检总局责令召回通告 5 个工作日内，向国家质检总局提交召回报告。

召回报告应当符合本规定第二十三条第二款规定的有关内容要求。

［**释义与适用**］ 本条是关于生产者及时提交召回报告的义务的规定。

1. 责令召回的实施应当在国家质检总局的监督下进行。表现在生产者应当在接到责令召回通告后 5 个工作日内就应当拟定召回工作计划并报国家质检总局审查。

2. 召回报告的内容应当符合本规定第二十三条第二款规定的有关内容要求。

第三十条 国家质检总局应当对召回报告进行审查，并在收到生产者提交的召回报告之日起 2 个工作日内将审查结果通知生产者。

[**释义与适用**] 本条是关于国家质检总局对召回报告进行审查并及时通知的义务的规定。

国家质检总局进行召回报告的审查批准是一种行政审批行为，应当在规定的时限内作出决定。应当注意到，对于全国范围和玩具产品的特点而言，在审查通知的时限上，2 个工作日的规定是非常严格的。

相反，如对于企业提交的召回报告未能在 2 个工作日内予以通知(以发出通知时间为准)，则可以视为同意了生产者提交的召回报告，生产者可以按照报告的内容实施召回计划。

第三十一条 召回报告经国家质检总局审查批准的，生产者应当按照召回报告及时实施召回。

召回报告未获国家质检总局批准的，生产者应当按照国家质检总局提出的召回要求实施召回。

[**释义与适用**] 本条是对召回报告实施要求的规定。

在生产者主动消除产品缺陷的过程中，相关计划由主管部门备案。而在责令召回的情况下的缺陷产品召回消除计划必须经过国家质检总局批准后才能执行。这里体现了对主动消除产品缺陷的鼓励

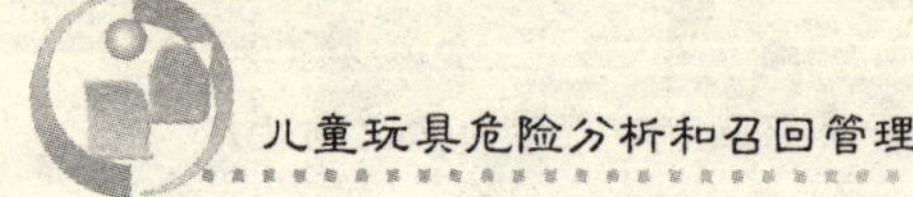

和导向，生产者主动开展消除产品缺陷活动不仅可以提高消除产品缺陷的效率，还可以节约政府资源，减少行政管理的成本。

本条第二款的规定表明，国家质检总局如不批准生产者的召回报告，则应当提出具体的意见，作为企业执行的依据。企业应当按照国家质检总局的要求实施召回。

第三十二条 在责令召回实施过程中，生产者应当按照国家质检总局的要求，提交阶段性召回总结。

［释义与适用］ 本条是对生产者提交阶段性召回总结报告的规定。

1. 实施进程主要是指：消除产品缺陷的几个阶段，即通知、公告情况，开展消除产品缺陷的进程，总结报告。

2. 在责令召回处置程序中要求生产者就开展消除缺陷产品计划的进程提交阶段性报告，也是区别于企业自主开展相关工作的一个重要内容。

3. 阶段性报告的内容应当（至少）包括：阶段性已召回缺陷产品的数量；已召回缺陷产品占应召回产品的比例；已召回缺陷产品的地区分布；是否已经发生事故；后期召回计划（如有变更）；其他情况等。

第三十三条 国家质检总局可以根据生产者提交的阶段性召回总结对召回实施情况进行监督，决定是否要求生产者采取更为有效的召回措施，或者依法采取其他措施。

[释义与适用] 本条是对生产者提交阶段性召回总结报告进行审查和监督的规定。

国家质检总局可以按照经营者提供的阶段性报告，对实施进程中表现出来的消除产品缺陷的实际效果进行评价。如认为评价结果达不到要求，可以要求经营者变更有关做法，采取更为有效的消除缺陷的措施。

第三十四条 生产者应当制作并保存完整的责令召回记录；并在召回完成时限期满后 15 个工作日内，向国家质检总局提交召回总结。

国家质检总局应当对生产者召回总结进行审核，对召回效果进行评估，并将有关情况通知省级质量技术监督部门和生产者。

[释义与适用] 本条是关于生产者建立责令召回和提交召回总结报告的规定。

1. 制作并保存记录既是经营者义务，也是经营者保护自身的合法权益的一种重要手段。

完整记录主要应当包括以下内容：计划及主管部门的批文；通知和相关公告；修理、更换、退货的记录；用户的反馈意见；对消除效果的验证和论证材料；阶段性报告。

消除产品缺陷的工作按照消除计划完成的，应当在完成之日的 15 日内提交总结报告。

未能按照计划完成相关产品缺陷消除工作的，也应当在原计划预定的期限届满之日起10个工作日递交总结报告。

2. 国家质检总局对生产者召回总结进行审核和评估。

审查的结果包括三种情况：一是认为消除缺陷的行动取得计划预定的效果，同意经营者的总结结论；二是认为未取得应有效果，可以指令经营者再次采取缺陷消除活动；第三种是认为缺陷消除活动不足以消除产品缺陷对公众所生产的危险，存在重大安全隐患，应当采取查禁措施，并可以对经营者予以行政处罚。

3. 有关审核结论应当通知省级质量技术监督部门和生产者。

省级质量技术监督部门应当按照国家质检总局的通知决定应当采取的措施。

生产者对审查结论有申诉权，申诉的方式包括行政复议或者提起行政诉讼。

4. 自主召回和政府责令召回的比较。

自主召回是经营者主动消除产品缺陷的行为，是产品召回的主要方式；政府责令召回是对于企业发现缺陷产品而不采取消除产品缺陷的积极措施时，由政府指令企业开展工作并承担相关法律后果的一种产品召回方式。两者的主要区别汇总在下表：

内容	自主召回	指令召回	相关条款
主管部门指令	无	有	二十七条
召回报告	主动向省级质监局提交召回计划	接到责令通告5日内向国家质检总局提交	二十三条 二十九条
对召回报告的处理	省级质监局备案	需获质检总局审查批准	二十三条 三十条

续表

内容	自主召回	指令召回	相关条款
阶段性召回报告	无要求	根据总局要求提供	三十二条
召回记录保存	无要求	制作并完整保存	三十四条
召回总结	主动召回报告确定的时限期满后 15 个工作日向所在地省质监局提交	召回完成时限期满后 15 个工作日向国家质检总局提交	二十六条 三十四条
对召回总结的处理	省级质监局审核	质检总局进行审核和效果评估	二十六条 三十四条

第五章

法律责任

第三十五条 生产者违反本规定，有下列情形之一的，予以警告，责令限期改正；逾期未改正的，处以 1 万元以下罚款：

（一）未按规定要求进行相关信息备案的；

（二）未按规定要求建立健全信息档案的。

［**释义与适用**］ 本条是对儿童玩具生产者未按规定建立信息档案和进行备案的行为责任追究的规定。

1. 生产者承担法律责任的形式包括：警告、责令限期改正、罚款。

2. 县级以上质量技术监督部门均可以按照有关规定对生产者违反本条的规定进行查处。

3. 根据国务院国务院办公厅关于印发国家质量监督检验检疫总局及国家认证认可监督管理委员会、国家标准化管理委员会职能配置内设机构和人员编制规定的通知（国办发〔2001〕56 号）和《国务院关于加强食品等产品安全监督管理的特别规定》第十五条的规定，质检部门在开展儿童玩具生产者实施产品安全监督管理职责时，有下列职权：

（一）进入生产经营场所实施现场检查；

（二）查阅、复制、查封、扣押有关合同、票据、账簿以及其他有关资料；

（三）查封、扣押不符合法定要求的产品，违法使用的原料、辅料、添加剂、农业投入品以及用于违法生产的工具、设备；

（四）查封存在危害人体健康和生命安全重大隐患的生产经营场所。

第三十六条 生产者违反本规定，有下列情况之一的，予以警告，责令限期改正；逾期未改正的，处以 2 万元以下罚款：

（一）接到省级以上质量技术监督部门缺陷调查通知，但未及时进行缺陷调查的；

（二）拒绝配合省级以上质量技术监督部门进行缺陷调查的；

（三）未及时将缺陷调查结果报告省级以上质量技术监督部门的。

［**释义与适用**］ 本条是对儿童玩具生产者在缺陷调查中违反规定的行为责任追究的规定。

生产者违反缺陷调查有关规定承担法律的形式包括：警告、责令限期改正、罚款。

为有效预防重复执法、重复处罚的问题，本条的行政处罚应当由省级以上的质量技术监督部门作出。市、县质量技术监督部门只有在接到省级以上的质量技术监督部门的授权后才能开展本条

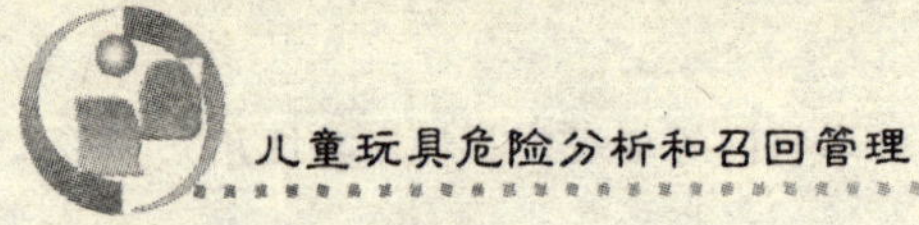

规定的行政处罚。

第三十七条 生产者违反本规定第二十一条、第二十八条规定，未停止生产销售存在缺陷的儿童玩具的，处以3万元以下罚款；违反有关法律法规规定的，依照有关法律法规规定处理。

［**释义与适用**］ 本条是对儿童玩具生产者拒不履行召回管理义务的责任追究的规定。

1. 生产者违规行为包括在发现产品存在缺陷时不主动实施召回和在接到责令召回通知时未立即停止生产销售相关产品。

构成产品质量法律法规规定的违法行为包括是指违反《产品质量法》等有关法律法规规定的禁止性行为。

2. 相关法规

《中华人民共和国产品质量法》（摘录）

第十二条 产品质量应当检验合格，不得以不合格产品冒充合格产品。

第十三条 可能危及人体健康和人身、财产安全的工业产品，必须符合保障人体健康和人身、财产安全的国家标准、行业标准；未制定国家标准、行业标准的，必须符合保障人体健康和人身、财产安全的要求。

第四十九条 生产、销售不符合保障人体健康和人身、财产安全的国家标准、行业标准的产品的，责令停止生产、销售，没收违法生产、销售的产品，并处违法生产、销售产品（包括已售出和未售出的产品，下同）货值金额等值以上三倍以下的罚款；有违法所得的，并处没收违法所得；情节严重的，吊销营业执照；构成犯罪的，依法追究刑事责任。

第三十八条 生产者违反本规定第二十一条、第二十二条规定，未依法向社会公布有关儿童玩具缺陷等信息、通知销售者停止销售存在缺陷的儿童玩具、通知消费者停止消费存在缺陷的儿童玩具，未实施主动召回的，予以警告，责令限期改正；逾期未改正的，处以3万元以下罚款；违反有关法律法规规定的，依照有关法律法规规定处理。

[**释义与适用**] 本条是对儿童玩具生产者拒不履行信息发布和召回计划备案管理的责任追究的规定。

1. 生产者应当按本规定第二十一条、第二十二条的规定按照国家质检总局的规定准确、清晰和完整的发布缺陷产品信息和通知经营者、消费者，并将有关召回计划主动报所在地省级质量技术监督部门备案。

2. 相关法规

《国务院关于加强食品等产品安全监督管理的特别规定》（摘录）

第九条 生产企业发现其生产的产品存在安全隐患，可能对人体健康和生命安全造成损害的，应当向社会公布有关信息，通知销售者停止销售，告知消费者停止使用，主动召回产品，并向有关监督管理部门报告；销售者应当立即停止销售该产品。销售者发

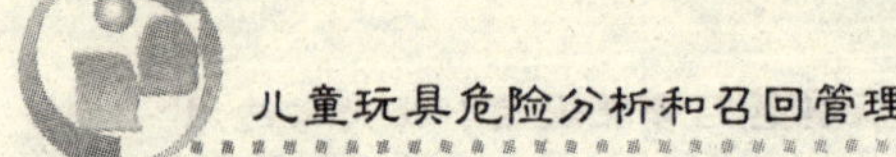

现其销售的产品存在安全隐患，可能对人体健康和生命安全造成损害的，应当立即停止销售该产品，通知生产企业或者供货商，并向有关监督管理部门报告。

生产企业和销售者不履行前款规定义务的，由农业、卫生、质检、商务、工商、药品等监督管理部门依据各自职责，责令生产企业召回产品、销售者停止销售，对生产企业并处货值金额3倍的罚款，对销售者并处1000元以上5万元以下的罚款；造成严重后果的，由原发证部门吊销许可证照。

第三十九条　生产者违反本规定第二十三条、第二十九条规定的，予以警告，责令限期改正；逾期未改正的，处以3万元以下罚款；违反有关法律法规规定的，依照有关法律法规规定处理。

[释义与适用]　本条是对儿童玩具生产者拒不履行召回计划备案管理的责任追究的规定。

生产者应当积极主动地根据自身发现的线索或质量技术监督部门的通知开展缺陷儿童玩具的召回。开展召回应当拟定计划并报省级以上质量技术监督部门备案和报告。

第四十条　生产者违反本规定第二十六条第一款、第三十二条或第三十四条第一款规定的，予以警告，责令限期改正；逾期未改正的，处以3万元以下罚款。

[**释义与适用**] 本条是对儿童玩具生产者拒不履行提交召回总结报告责任追究的规定。

生产者应当将开展召回的情况进行总结并报省级以上质量技术监督部门,接受审核和监督。否则将受到警告、责令改正,罚款的行政处罚。

第四十一条 生产者违反本规定第三十一条规定的,处以3万元以下罚款。

[**释义与适用**] 本条是对儿童玩具生产者拒不履行责令召回通知行为追究法律责任的规定。

生产者未按要求实施缺陷产品召回的,处3万元以下罚款。

第四十二条 从事玩具召回监督管理的公务人员或专家等玩忽职守、滥用职权、徇私舞弊的,依照有关规定追究相关责任。

[**释义与适用**] 本条是对从事玩具召回监管公务人员或专家的责任规定。

1. 从事监督管理的公务人员包括各级质量技术监督部门的工作人员、国家缺陷产品管理中心和地方质量技术监督局成立的缺陷产品管理机构的工作人员;有关专家是指经质量技术监督部门组织设立的专家委员会的工作人员和接受委托开展缺陷产品检测

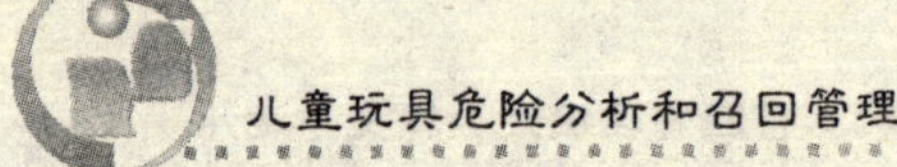

工作的检验、检测机构的工作人员。

2. 公务人员和专家的违规行为主要表现在：徇私舞弊、作伪证、出具虚假报告、违反保密规定、捏造散布虚假信息等其他违法行为。

3. 个人承担责任的方式包括：被取消资格、赔偿损失、构成犯罪的追究责任刑事责任。

4. 相关法规

《中华人民共和国刑法》(摘要)

第三百九十七条　国家机关工作人员滥用职权或者玩忽职守，致使公共财产、国家和人民利益遭受重大损失的，处三年以下有期徒刑或者拘役；情节特别严重的，处三年以上七年以下有期徒刑。本法另有规定的，依照规定。

国家机关工作人员徇私舞弊，犯前款罪的，处五年以下有期徒刑或者拘役；情节特别严重的，处五年以上十年以下有期徒刑。本法另有规定的，依照规定。

第四十三条　本规定规定的行政处罚，由县级以上质量技术监督部门在职权范围内依法实施。

[释义与适用]　本条是对执行玩具召回规定行政处罚权的权利规定。

县级以上质量技术监督部门的职权范围是指在国务院三定方案框架下质量技术监督部门的职权范围。

根据国务院三定方案和《产品质量法》的规定，县级以上质量技术监督局和国家质检总局均具有依法对产品质量实施监督管理和行政执法的权利。

在产品召回管理中的行政处罚总体上仍然按照属地管理原则，结合具体监督管理事项，县、市质量技术监督部门将会按照上级指令承担更多的行政执法任务。

第四十四条 生产者对质量技术监督部门的缺陷调查和风险评估、召回监督管理措施以及行政处罚等不服的，可以依法申请行政复议或者提起行政诉讼。

[**释义与适用**] 本条是对生产者寻求救济的权利规定。

按照行政复议法和行政诉讼法的规定，提起复议的期限自知道该具体行政行为之日起60日。行政诉讼的期限为自知道该具体行政行为之日起3个月。国家质检总局的指令通知应当告知经营者诉权及起诉期限。如未告知当事人的诉权或者起诉期限，致使当事人逾期向人民法院起诉的，其起诉期限从当事人实际知道诉权或者起诉期限时计算，但逾期的期间最长不得超过1年。

第六章

附　则

第四十五条　进出口儿童玩具的召回管理，由出入境检验检疫机构按照国家质检总局有关规定执行。

［**释义与适用**］　本条是对儿童玩具进出口环节召回管理的规定。

1. 由于进出口产品的特殊性，进出口儿童玩具的召回按照国家质检总局的有关规定执行。

2. 相关法规

《国务院关于加强食品等产品安全监督管理的特别规定》（摘要）

第七条　出口产品的生产经营者应当保证其出口产品符合进口国（地区）的标准或者合同要求。法律规定产品必须经过检验方可出口的，应当经符合法律规定的机构检验合格。

第八条　进口产品应当符合我国国家技术规范的强制性要求以及我国与出口国（地区）签订的协议规定的检验要求。

第四十六条 本规定涉及的有关信息发布、信息备案、风险评估和文书格式要求等具体规定由国家质检总局另行制定。

［**释义与适用**］ 本条是关于制定相关具体规定的规定。

有关召回管理工作中的信息发布、备案、风险评估和文书格式等要求由国家质检总局制定。（本书的附录中提供了几种内容的表单供企业内部管理参考）

第四十七条 本规定由国家质检总局负责解释。

［**释义与适用**］ 本条是对本召回管理规定解释权的规定。

对本规定有关内容的解释，以国家质量监督检验检疫总局的行政解释为准。

第四十八条 本规定自发布之日起施行。

［**释义与适用**］ 本条是对本召回管理规定实施日期的规定。

2007 年 8 月 27 日，国家质检总局发布第 101 号局令，《儿童玩具召回管理规定》，自公布之日起正式实施。

第三部分

相关法律法规和技术规范

中华人民共和国产品质量法

（1993年2月22日第七届全国人民代表大会常务委员会第三十次会议通过，根据2000年7月8日第九届全国人民代表大会常务委员会第十六次会议《关于修改〈中华人民共和国产品质量法〉的决定》修正）

目　　录

第一章　总　　则

第一条　为了加强对产品质量的监督管理，提高产品质量水平，明确产品质量责任，保护消费者的合法权益，维护社会经济秩序，制定本法。

第二条 在中华人民共和国境内从事产品生产、销售活动，必须遵守本法。

本法所称产品是指经过加工、制作，用于销售的产品。

建设工程不适用本法规定；但是，建设工程使用的建筑材料、建筑构配件和设备，属于前款规定的产品范围的，适用本法规定。

第三条 生产者、销售者应当建立健全内部产品质量管理制度，严格实施岗位质量规范、质量责任以及相应的考核办法。

第四条 生产者、销售者依照本法规定承担产品质量责任。

第五条 禁止伪造或者冒用认证标志等质量标志；禁止伪造产品的产地，伪造或者冒用他人的厂名、厂址；禁止在生产、销售的产品中掺杂、掺假，以假充真，以次充好。

第六条 国家鼓励推行科学的质量管理方法，采用先进的科学技术，鼓励企业产品质量达到并且超过行业标准、国家标准和国际标准。

对产品质量管理先进和产品质量达到国际先进水平、成绩显著的单位和个人，给予奖励。

第七条 各级人民政府应当把提高产品质量纳入国民经济和社会发展规划，加强对产品质量工作的统筹规划和组织领导，引导、督促生产者、销售者加强产品质量管理，提高产品质量，组织各有关部门依法采取措施，制止产品生产、销售中违反本法规定的行为，保障本法的施行。

第八条 国务院产品质量监督部门主管全国产品质量监督工作。国务院有关部门在各自的职责范围内负责产品质量监督工作。

县级以上地方产品质量监督部门主管本行政区域内的产品质量监督工作。县级以上地方人民政府有关部门在各自的职责范围内负责产品质量监督工作。

法律对产品质量的监督部门另有规定的，依照有关法律的规定执行。

第九条　各级人民政府工作人员和其他国家机关工作人员不得滥用职权、玩忽职守或者徇私舞弊，包庇、放纵本地区、本系统发生的产品生产、销售中违反本法规定的行为，或者阻挠、干预依法对产品生产、销售中违反本法规定的行为进行查处。

各级地方人民政府和其他国家机关有包庇、放纵产品生产、销售中违反本法规定的行为的，依法追究其主要负责人的法律责任。

第十条　任何单位和个人有权对违反本法规定的行为，向产品质量监督部门或者其他有关部门检举。

产品质量监督部门和有关部门应当为检举人保密，并按照省、自治区、直辖市人民政府的规定给予奖励。

第十一条　任何单位和个人不得排斥非本地区或者非本系统企业生产的质量合格产品进入本地区、本系统。

第二章　产品质量的监督

第十二条　产品质量应当检验合格，不得以不合格产品冒充合格产品。

第十三条　可能危及人体健康和人身、财产安全的工业产品，必须符合保障人体健康和人身、财产安全的国家标准、行业标准；未制定国家标准、行业标准的，必须符合保障人体健康和人身、财产安全的要求。

禁止生产、销售不符合保障人体健康和人身、财产安全的标准和要求的工业产品。具体管理办法由国务院规定。

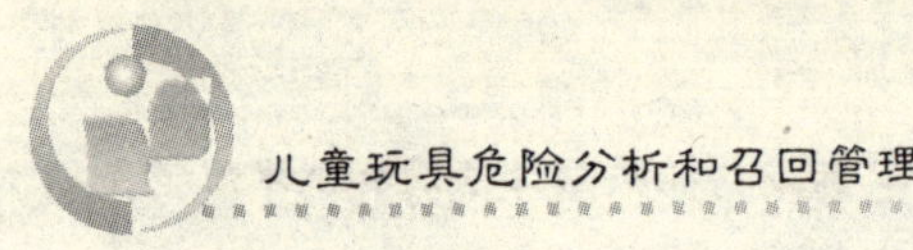

第十四条 国家根据国际通用的质量管理标准，推行企业质量体系认证制度。企业根据自愿原则可以向国务院产品质量监督部门认可的或者国务院产品质量监督部门授权的部门认可的认证机构申请企业质量体系认证。经认证合格的，由认证机构颁发企业质量体系认证证书。

国家参照国际先进的产品标准和技术要求，推行产品质量认证制度。企业根据自愿原则可以向国务院产品质量监督部门认可的或者国务院产品质量监督部门授权的部门认可的认证机构申请产品质量认证。经认证合格的，由认证机构颁发产品质量认证证书，准许企业在产品或者其包装上使用产品质量认证标志。

第十五条 国家对产品质量实行以抽查为主要方式的监督检查制度，对可能危及人体健康和人身、财产安全的产品，影响国计民生的重要工业产品以及消费者、有关组织反映有质量问题的产品进行抽查。抽查的样品应当在市场上或者企业成品仓库内的待销产品中随机抽取。监督抽查工作由国务院产品质量监督部门规划和组织。县级以上地方产品质量监督部门在本行政区域内也可以组织监督抽查。法律对产品质量的监督检查另有规定的，依照有关法律的规定执行。

国家监督抽查的产品，地方不得另行重复抽查；上级监督抽查的产品，下级不得另行重复抽查。

根据监督抽查的需要，可以对产品进行检验。检验抽取样品的数量不得超过检验的合理需要，并不得向被检查人收取检验费用。监督抽查所需检验费用按照国务院规定列支。

生产者、销售者对抽查检验的结果有异议的，可以自收到检验结果之日起15日内向实施监督抽查的产品质量监督部门或者其上级产品质量监督部门申请复检，由受理复检的产品质量监督部门作出复检结论。

第十六条　对依法进行的产品质量监督检查，生产者、销售者不得拒绝。

第十七条　依照本法规定进行监督抽查的产品质量不合格的，由实施监督抽查的产品质量监督部门责令其生产者、销售者限期改正。逾期不改正的，由省级以上人民政府产品质量监督部门予以公告；公告后经复查仍不合格的，责令停业，限期整顿；整顿期满后经复查产品质量仍不合格的，吊销营业执照。

监督抽查的产品有严重质量问题的，依照本法第五章的有关规定处罚。

第十八条　县级以上产品质量监督部门根据已经取得的违法嫌疑证据或者举报，对涉嫌违反本法规定的行为进行查处时，可以行使下列职权：

（一）对当事人涉嫌从事违反本法的生产、销售活动的场所实施现场检查；

（二）向当事人的法定代表人、主要负责人和其他有关人员调查、了解与涉嫌从事违反本法的生产、销售活动有关的情况；

（三）查阅、复制当事人有关的合同、发票、账簿以及其他有关资料；

（四）对有根据认为不符合保障人体健康和人身、财产安全的国家标准、行业标准的产品或者有其他严重质量问题的产品，以及直接用于生产、销售该项产品的原辅材料、包装物、生产工具，予以查封或者扣押。

县级以上工商行政管理部门按照国务院规定的职责范围，对涉嫌违反本法规定的行为进行查处时，可以行使前款规定的职权。

第十九条　产品质量检验机构必须具备相应的检测条件和能

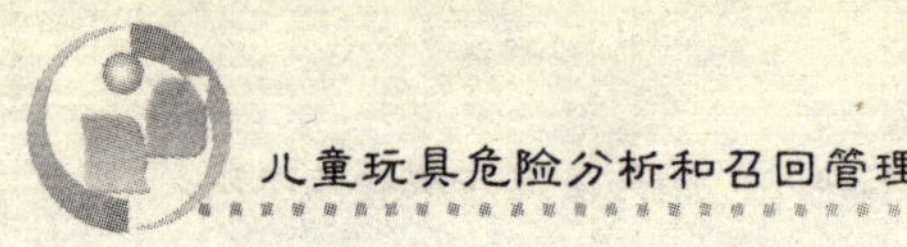

力，经省级以上人民政府产品质量监督部门或者其授权的部门考核合格后，方可承担产品质量检验工作。法律、行政法规对产品质量检验机构另有规定的，依照有关法律、行政法规的规定执行。

第二十条 从事产品质量检验、认证的社会中介机构必须依法设立，不得与行政机关和其他国家机关存在隶属关系或者其他利益关系。

第二十一条 产品质量检验机构、认证机构必须依法按照有关标准，客观、公正地出具检验结果或者认证证明。

产品质量认证机构应当依照国家规定对准许使用认证标志的产品进行认证后的跟踪检查；对不符合认证标准而使用认证标志的，要求其改正；情节严重的，取消其使用认证标志的资格。

第二十二条 消费者有权就产品质量问题，向产品的生产者、销售者查询；向产品质量监督部门、工商行政管理部门及有关部门申诉，接受申诉的部门应当负责处理。

第二十三条 保护消费者权益的社会组织可以就消费者反映的产品质量问题建议有关部门负责处理，支持消费者对因产品质量造成的损害向人民法院起诉。

第二十四条 国务院和省、自治区、直辖市人民政府的产品质量监督部门应当定期发布其监督抽查的产品的质量状况公告。

第二十五条 产品质量监督部门或者其他国家机关以及产品质量检验机构不得向社会推荐生产者的产品；不得以对产品进行监制、监销等方式参与产品经营活动。

第三章　生产者、销售者的产品质量责任和义务

第一节　生产者的产品质量责任和义务

第二十六条　生产者应当对其生产的产品质量负责。

产品质量应当符合下列要求：

（一）不存在危及人身、财产安全的不合理的危险，有保障人体健康和人身、财产安全的国家标准、行业标准的，应当符合该标准；

（二）具备产品应当具备的使用性能，但是，对产品存在使用性能的瑕疵作出说明的除外；

（三）符合在产品或者其包装上注明采用的产品标准，符合以产品说明、实物样品等方式表明的质量状况。

第二十七条　产品或者其包装上的标识必须真实，并符合下列要求：

（一）有产品质量检验合格证明；

（二）有中文标明的产品名称、生产厂厂名和厂址；

（三）根据产品的特点和使用要求，需要标明产品规格、等级、所含主要成分的名称和含量的，用中文相应予以标明；需要事先让消费者知晓的，应当在外包装上标明，或者预先向消费者提供有关资料；

（四）限期使用的产品，应当在显著位置清晰地标明生产日期和安全使用期或者失效日期；

（五）使用不当，容易造成产品本身损坏或者可能危及人身、财产安全的产品，应当有警示标志或者中文警示说明。

裸装的食品和其他根据产品的特点难以附加标识的裸装产

品，可以不附加产品标识。

第二十八条 易碎、易燃、易爆、有毒、有腐蚀性、有放射性等危险物品以及储运中不能倒置和其他有特殊要求的产品，其包装质量必须符合相应要求，依照国家有关规定作出警示标志或者中文警示说明，标明储运注意事项。

第二十九条 生产者不得生产国家明令淘汰的产品。

第三十条 生产者不得伪造产地，不得伪造或者冒用他人的厂名、厂址。

第三十一条 生产者不得伪造或者冒用认证标志等质量标志。

第三十二条 生产者生产产品，不得掺杂、掺假，不得以假充真、以次充好，不得以不合格产品冒充合格产品。

第二节 销售者的产品质量责任和义务

第三十三条 销售者应当建立并执行进货检查验收制度，验明产品合格证明和其他标识。

第三十四条 销售者应当采取措施，保持销售产品的质量。

第三十五条 销售者不得销售国家明令淘汰并停止销售的产品和失效、变质的产品。

第三十六条 销售者销售的产品的标识应当符合本法第二十七条的规定。

第三十七条 销售者不得伪造产地，不得伪造或者冒用他人的厂名、厂址。

第三十八条 销售者不得伪造或者冒用认证标志等质量标志。

第三十九条 销售者销售产品，不得掺杂、掺假，不得以假充真、以次充好，不得以不合格产品冒充合格产品。

第四章　损害赔偿

第四十条　售出的产品有下列情形之一的，销售者应当负责修理、更换、退货；给购买产品的消费者造成损失的，销售者应当赔偿损失：

（一）不具备产品应当具备的使用性能而事先未作说明的；

（二）不符合在产品或者其包装上注明采用的产品标准的；

（三）不符合以产品说明、实物样品等方式表明的质量状况的。

销售者依照前款规定负责修理、更换、退货、赔偿损失后，属于生产者的责任或者属于向销售者提供产品的其他销售者（以下简称供货者）的责任的，销售者有权向生产者、供货者追偿。

销售者未按照第一款规定给予修理、更换、退货或者赔偿损失的，由产品质量监督部门或者工商行政管理部门责令改正。

生产者之间，销售者之间，生产者与销售者之间订立的买卖合同、承揽合同有不同约定的，合同当事人按照合同约定执行。

第四十一条　因产品存在缺陷造成人身、缺陷产品以外的其他财产（以下简称他人财产）损害的，生产者应当承担赔偿责任。

生产者能够证明有下列情形之一的，不承担赔偿责任：

（一）未将产品投入流通的；

（二）产品投入流通时，引起损害的缺陷尚不存在的；

（三）将产品投入流通时的科学技术水平尚不能发现缺陷的存在的。

第四十二条　由于销售者的过错使产品存在缺陷，造成人身、他人财产损害的，销售者应当承担赔偿责任。

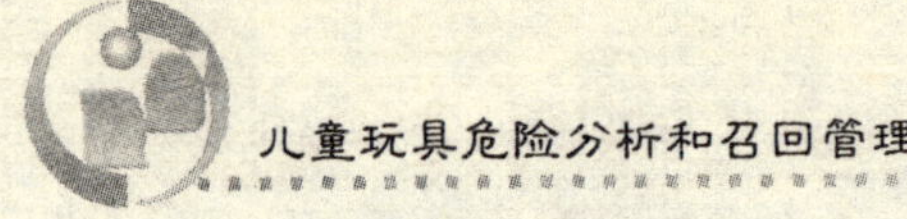

销售者不能指明缺陷产品的生产者也不能指明缺陷产品的供货者的，销售者应当承担赔偿责任。

第四十三条 因产品存在缺陷造成人身、他人财产损害的，受害人可以向产品的生产者要求赔偿，也可以向产品的销售者要求赔偿。属于产品的生产者的责任，产品的销售者赔偿的，产品的销售者有权向产品的生产者追偿。属于产品的销售者的责任，产品的生产者赔偿的，产品的生产者有权向产品的销售者追偿。

第四十四条 因产品存在缺陷造成受害人人身伤害的，侵害人应当赔偿医疗费、治疗期间的护理费、因误工减少的收入等费用；造成残疾的，还应当支付残疾者生活自助具费、生活补助费、残疾赔偿金以及由其扶养的人所必需的生活费等费用；造成受害人死亡的，并应当支付丧葬费、死亡赔偿金以及由死者生前扶养的人所必需的生活费等费用。

因产品存在缺陷造成受害人财产损失的，侵害人应当恢复原状或者折价赔偿。受害人因此遭受其他重大损失的，侵害人应当赔偿损失。

第四十五条 因产品存在缺陷造成损害要求赔偿的诉讼时效期间为 2 年，自当事人知道或者应当知道其权益受到损害时起计算。

因产品存在缺陷造成损害要求赔偿的请求权，在造成损害的缺陷产品交付最初消费者满 10 年丧失；但是，尚未超过明示的安全使用期的除外。

第四十六条 本法所称缺陷，是指产品存在危及人身、他人财产安全的不合理的危险；产品有保障人体健康和人身、财产安全的国家标准、行业标准的，是指不符合该标准。

第四十七条 因产品质量发生民事纠纷时，当事人可以通过协商或者调解解决。当事人不愿通过协商、调解解决或者协商、调解不成的，可以根据当事人各方的协议向仲裁机构申请仲裁；当事人各方没有达成仲裁协议或者仲裁协议无效的，可以直接向人民法院起诉。

第四十八条　仲裁机构或者人民法院可以委托本法第十九条规定的产品质量检验机构，对有关产品质量进行检验。

第五章　罚　则

第四十九条　生产、销售不符合保障人体健康和人身、财产安全的国家标准、行业标准的产品的，责令停止生产、销售，没收违法生产、销售的产品，并处违法生产、销售产品（包括已售出和未售出的产品，下同）货值金额等值以上3倍以下的罚款；有违法所得的，并处没收违法所得；情节严重的，吊销营业执照；构成犯罪的，依法追究刑事责任。

第五十条　在产品中掺杂、掺假，以假充真，以次充好，或者以不合格产品冒充合格产品的，责令停止生产、销售，没收违法生产、销售的产品，并处违法生产、销售产品货值金额50%以上3倍以下的罚款；有违法所得的，并处没收违法所得；情节严重的，吊销营业执照；构成犯罪的，依法追究刑事责任。

第五十一条　生产国家明令淘汰的产品的，销售国家明令淘汰并停止销售的产品的，责令停止生产、销售，没收违法生产、销售的产品，并处违法生产、销售产品货值金额等值以下的罚款；有违法所得的，并处没收违法所得；情节严重的，吊销营业执照。

第五十二条　销售失效、变质的产品的，责令停止销售，没收违法销售的产品，并处违法销售产品货值金额2倍以下的罚款；有违法所得的，并处没收违法所得；情节严重的，吊销营业执照；构成犯罪的，依法追究刑事责任。

第五十三条 伪造产品产地的，伪造或者冒用他人厂名、厂址的，伪造或者冒用认证标志等质量标志的，责令改正，没收违法生产、销售的产品，并处违法生产、销售产品货值金额等值以下的罚款；有违法所得的，并处没收违法所得；情节严重的，吊销营业执照。

第五十四条 产品标识不符合本法第二十七条规定的，责令改正；有包装的产品标识不符合本法第二十七条第（四）项、第（五）项规定，情节严重的，责令停止生产、销售，并处违法生产、销售产品货值金额30%以下的罚款；有违法所得的，并处没收违法所得。

第五十五条 销售者销售本法第四十九条至第五十三条规定禁止销售的产品，有充分证据证明其不知道该产品为禁止销售的产品并如实说明其进货来源的，可以从轻或者减轻处罚。

第五十六条 拒绝接受依法进行的产品质量监督检查的，给予警告，责令改正；拒不改正的，责令停业整顿；情节特别严重的，吊销营业执照。

第五十七条 产品质量检验机构、认证机构伪造检验结果或者出具虚假证明的，责令改正，对单位处5万元以上10万元以下的罚款，对直接负责的主管人员和其他直接责任人员处1万元以上5万元以下的罚款；有违法所得的，并处没收违法所得；情节严重的，取消其检验资格、认证资格；构成犯罪的，依法追究刑事责任。

产品质量检验机构、认证机构出具的检验结果或者证明不实，造成损失的，应当承担相应的赔偿责任；造成重大损失的，撤销其检验资格、认证资格。

产品质量认证机构违反本法第二十一条第二款的规定，对不符合认证标准而使用认证标志的产品，未依法要求其改正或者取消其使用认证标志资格的，对因产品不符合认证标准给消费者造成的损失，与产品的生产者、销售者承担连带责任；情节严重的，撤销其认证资格。

第五十八条　社会团体、社会中介机构对产品质量作出承诺、保证，而该产品又不符合其承诺、保证的质量要求，给消费者造成损失的，与产品的生产者、销售者承担连带责任。

第五十九条　在广告中对产品质量作虚假宣传，欺骗和误导消费者的，依照《中华人民共和国广告法》的规定追究法律责任。

第六十条　对生产者专门用于生产本法第四十九条、第五十一条所列的产品或者以假充真的产品的原辅材料、包装物、生产工具，应当予以没收。

第六十一条　知道或者应当知道属于本法规定禁止生产、销售的产品而为其提供运输、保管、仓储等便利条件的，或者为以假充真的产品提供制假生产技术的，没收全部运输、保管、仓储或者提供制假生产技术的收入，并处违法收入50%以上3倍以下的罚款；构成犯罪的，依法追究刑事责任。

第六十二条　服务业的经营者将本法第四十九条至第五十二条规定禁止销售的产品用于经营性服务的，责令停止使用；对知道或者应当知道所使用的产品属于本法规定禁止销售的产品的，按照违法使用的产品（包括已使用和尚未使用的产品）的货值金额，依照本法对销售者的处罚规定处罚。

第六十三条　隐匿、转移、变卖、损毁被产品质量监督部门或者工商行政管理部门查封、扣押的物品的，处被隐匿、转移、变卖、损毁物品货值金额等值以上3倍以下的罚款；有违法所得的，并处没收违法所得。

第六十四条 违反本法规定，应当承担民事赔偿责任和缴纳罚款、罚金，其财产不足以同时支付时，先承担民事赔偿责任。

第六十五条 各级人民政府工作人员和其他国家机关工作人员有下列情形之一的，依法给予行政处分；构成犯罪的，依法追究刑事责任：

（一）包庇、放纵产品生产、销售中违反本法规定行为的；

（二）向从事违反本法规定的生产、销售活动的当事人通风报信，帮助其逃避查处的；

（三）阻挠、干预产品质量监督部门或者工商行政管理部门依法对产品生产、销售中违反本法规定的行为进行查处，造成严重后果的。

第六十六条 产品质量监督部门在产品质量监督抽查中超过规定的数量索取样品或者向被检查人收取检验费用的，由上级产品质量监督部门或者监察机关责令退还；情节严重的，对直接负责的主管人员和其他直接责任人员依法给予行政处分。

第六十七条 产品质量监督部门或者其他国家机关违反本法第二十五条的规定，向社会推荐生产者的产品或者以监制、监销等方式参与产品经营活动的，由其上级机关或者监察机关责令改正，消除影响，有违法收入的予以没收；情节严重的，对直接负责的主管人员和其他直接责任人员依法给予行政处分。

产品质量检验机构有前款所列违法行为的，由产品质量监督部门责令改正，消除影响，有违法收入的予以没收，可以并处违法收入1倍以下的罚款；情节严重的，撤销其质量检验资格。

第六十八条 产品质量监督部门或者工商行政管理部门的工作人员滥用职权、玩忽职守、徇私舞弊，构成犯罪的，依法追究刑事责任；尚不构成犯罪的，依法给予行政处分。

第六十九条　以暴力、威胁方法阻碍产品质量监督部门或者工商行政管理部门的工作人员依法执行职务的，依法追究刑事责任；拒绝、阻碍未使用暴力、威胁方法的，由公安机关依照治安管理处罚条例的规定处罚。

第七十条　本法规定的吊销营业执照的行政处罚由工商行政管理部门决定，本法第四十九条至第五十七条、第六十条至第六十三条规定的行政处罚由产品质量监督部门或者工商行政管理部门按照国务院规定的职权范围决定。法律、行政法规对行使行政处罚权的机关另有规定的，依照有关法律、行政法规的规定执行。

第七十一条　对依照本法规定没收的产品，依照国家有关规定进行销毁或者采取其他方式处理。

第七十二条　本法第四十九条至第五十四条、第六十二条、第六十三条所规定的货值金额以违法生产、销售产品的标价计算；没有标价的，按照同类产品的市场价格计算。

第六章　附　则

第七十三条　军工产品质量监督管理办法，由国务院、中央军事委员会另行制定。

因核设施、核产品造成损害的赔偿责任，法律、行政法规另有规定的，依照其规定。

第七十四条　本法自 1993 年 9 月 1 日起施行。

国务院关于加强食品等产品安全监督管理的特别规定

(国务院总理温家宝2007年7月26日签署第503号国务院令,自公布之日起施行)

第一条 为了加强食品等产品安全监督管理,进一步明确生产经营者、监督管理部门和地方人民政府的责任,加强各监督管理部门的协调、配合,保障人体健康和生命安全,制定本规定。

第二条 本规定所称产品除食品外,还包括食用农产品、药品等与人体健康和生命安全有关的产品。

对产品安全监督管理,法律有规定的,适用法律规定;法律没有规定或者规定不明确的,适用本规定。

第三条 生产经营者应当对其生产、销售的产品安全负责,不得生产、销售不符合法定要求的产品。

依照法律、行政法规规定生产、销售产品需要取得许可证照或者需要经过认证的,应当按照法定条件、要求从事生产经营活动。不按照法定条件、要求从事生产经营活动或者生产、销售不符合法定要求产品的,由农业、卫生、质检、商务、工商、药品等监督管理部门依据各自职责,没收违法所得、产品和用于违法生产的工具、设备、原材料等物品,货值金额不足5 000元的,并处5万元罚款;货值金额5 000元以上不足1万元的,并处10万元罚款;货值金额1万元以上的,并处货值金额10倍以上20倍以下的罚款;造成严重后果的,由原发证部门吊销许可证照;构成非法经营罪或者生产、销售伪劣商品罪等犯罪的，依法追究刑事责任。

生产经营者不再符合法定条件、要求，继续从事生产经营活动的，由原发证部门吊销许可证照，并在当地主要媒体上公告被吊销许可证照的生产经营者名单；构成非法经营罪或者生产、销售伪劣商品罪等犯罪的，依法追究刑事责任。

依法应当取得许可证照而未取得许可证照从事生产经营活动的，由农业、卫生、质检、商务、工商、药品等监督管理部门依据各自职责，没收违法所得、产品和用于违法生产的工具、设备、原材料等物品，货值金额不足1万元的，并处10万元罚款；货值金额1万元以上的，并处货值金额10倍以上20倍以下的罚款；构成非法经营罪的，依法追究刑事责任。

有关行业协会应当加强行业自律，监督生产经营者的生产经营活动；加强公众健康知识的普及、宣传，引导消费者选择合法生产经营者生产、销售的产品以及有合法标识的产品。

第四条 生产者生产产品所使用的原料、辅料、添加剂、农业投入品，应当符合法律、行政法规的规定和国家强制性标准。

违反前款规定，违法使用原料、辅料、添加剂、农业投入品的，由农业、卫生、质检、商务、药品等监督管理部门依据各自职责没收违法所得，货值金额不足5 000元的，并处2万元罚款；货值金额5 000元以上不足1万元的，并处5万元罚款；货值金额1万元以上的，并处货值金额5倍以上10倍以下的罚款；造成严重后果的，由原发证部门吊销许可证照；构成生产、销售伪劣商品罪的，依法追究州事责任。

第五条 销售者必须建立并执行进货检查验收制度，审验供货商的经营资格，验明产品合格证明和产品标识，并建立产品进货台账，如实记录产品名称、规格、数量、供货商及其联系方式、进货

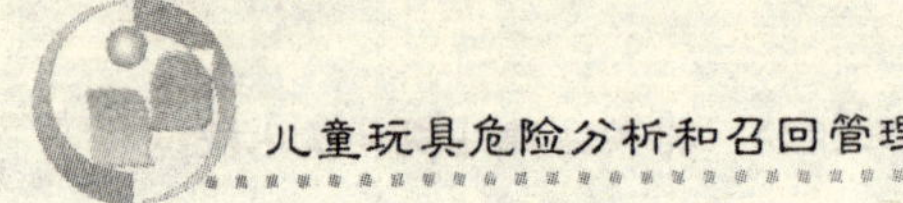

时间等内容。从事产品批发业务的销售企业应当建立产品销售台账，如实记录批发的产品品种、规格、数量、流向等内容。在产品集中交易场所销售自制产品的生产企业应当比照从事产品批发业务的销售企业的规定，履行建立产品销售台账的义务。进货台账和销售台账保存期限不得少于2年。销售者应当向供货商按照产品生产批次索要符合法定条件的检验机构出具的检验报告或者由供货商签字或者盖章的检验报告复印件；不能提供检验报告或者检验报告复印件的产品，不得销售。

违反前款规定的，由工商、药品监督管理部门依据各自职责责令停止销售；不能提供检验报告或者检验报告复印件销售产品的，没收违法所得和违法销售的产品，并处货值金额3倍的罚款；造成严重后果的，由原发证部门吊销许可证照。

第六条 产品集中交易市场的开办企业、产品经营柜台出租企业、产品展销会的举办企业，应当审查入场销售者的经营资格，明确入场销售者的产品安全管理责任，定期对入场销售者的经营环境、条件、内部安全管理制度和经营产品是否符合法定要求进行检查，发现销售不符合法定要求产品或者其他违法行为的，应当及时制止并立即报告所在地工商行政管理部门。

违反前款规定的，由工商行政管理部门处以1 000元以上5万元以下的罚款；情节严重的，责令停业整顿；造成严重后果的，吊销营业执照。

第七条 出口产品的生产经营者应当保证其出口产品符合进口国(地区)的标准或者合同要求。法律规定产品必须经过检验方可出口的，应当经符合法律规定的机构检验合格。

出口产品检验人员应当依照法律、行政法规规定和有关标准、程序、方法进行检验，对其出具的检验证单等负责。

出入境检验检疫机构和商务、药品等监督管理部门应当建立出口产品的生产经营者良好记录和不良记录，并予以公布。对有良好记录的出口产品的生产经营者，简化检验检疫手续。

出口产品的生产经营者逃避产品检验或者弄虚作假的，由出入境检验检疫机构和药品监督管理部门依据各自职责，没收违法所得和产品，并处货值金额3倍的罚款；构成犯罪的，依法追究刑事责任。

第八条　进口产品应当符合我国国家技术规范的强制性要求以及我国与出口国（地区）签订的协议规定的检验要求。

质检、药品监督管理部门依据生产经营者的诚信度和质量管理水平以及进口产品风险评估的结果，对进口产品实施分类管理，并对进口产品的收货人实施备案管理。进口产品的收货人应当如实记录进口产品流向。记录保存期限不得少于2年。

质检、药品监督管理部门发现不符合法定要求产品时，可以将不符合法定要求产品的进货人、报检人、代理人列入不良记录名单。进口产品的进货人、销售者弄虚作假的，由质检、药品监督管理部门依据各自职责，没收违法所得和产品，并处货值金额3倍的罚款；构成犯罪的，依法追究刑事责任。进口产品的报检人、代理人弄虚作假的，取消报检资格，并处货值金额等值的罚款。

第九条　生产企业发现其生产的产品存在安全隐患，可能对人体健康和生命安全造成损害的，应当向社会公布有关信息，通知销售者停止销售，告知消费者停止使用，主动召回产品，并向有关监督管理部门报告；销售者应当立即停止销售该产品。销售者发现其销售的产品存在安全隐患，可能对人体健康和生命安全造成损害的，应当立即停止销售该产品，通知生产企业或者供货商，并向有关监督管理部门报告。

生产企业和销售者不履行前款规定义务的，由农业、卫生、质

检、商务、工商、药品等监督管理部门依据各自职责，责令生产企业召回产品、销售者停止销售，对生产企业并处货值金额3倍的罚款，对销售者并处1 000元以上5万元以下的罚款；造成严重后果的，由原发证部门吊销许可证照。

第十条 县级以上地方人民政府应当将产品安全监督管理纳入政府工作考核目标，对本行政区域内的产品安全监督管理负总责，统一领导、协调本行政区域内的监督管理工作，建立健全监督管理协调机制，加强对行政执法的协调、监督；统一领导、指挥产品安全突发事件应对工作，依法组织查处产品安全事故；建立监督管理责任制，对各监督管理部门进行评议、考核。质检、工商和药品等监督管理部门应当在所在地同级人民政府的统一协调下，依法做好产品安全监督管理工作。

县级以上地方人民政府不履行产品安全监督管理的领导、协调职责，本行政区域内1年多次出现产品安全事故、造成严重社会影响的，由监察机关或者任免机关对政府的主要负责人和直接负责的主管人员给予记大过、降级或者撤职的处分。

第十一条 国务院质检、卫生、农业等主管部门在各自职责范围内尽快制定、修改或者起草相关国家标准，加快建立统一管理、协调配套、符合实际、科学合理的产品标准体系。

第十二条 县级以上人民政府及其部门对产品安全实施监督管理，应当按照法定权限和程序履行职责，做到公开、公平、公正。对生产经营者同一违法行为，不得给予2次以上罚款的行政处罚；对涉嫌构成犯罪、依法需要追究刑事责任的，应当依照《行政执法机关移送涉嫌犯罪案件的规定》，向公安机关移送。

农业、卫生、质检、商务、工商、药品等监督管理部门应当依据各自职责对生产经营者进行监督检查，并对其遵守强制性标准、法定要求的情况予以记录，由监督检查人员签字后归档。监督检查记录应当作为其直接负责主管人员定期考核的内容。公众有权查阅监督检查记录。

第十三条 生产经营者有下列情形之一的，农业、卫生、质检、商务、工商、药品等监督管理部门应当依据各自职责采取措施，纠正违法行为，防止或者减少危害发生，并依照本规定予以处罚：

（一）依法应当取得许可证照而未取得许可证照从事生产经营活动的；

（二）取得许可证照或者经过认证后，不按照法定条件、要求从事生产经营活动或者生产、销售不符合法定要求产品的；

（三）生产经营者不再符合法定条件、要求继续从事生产经营活动的；

（四）生产者生产产品不按照法律、行政法规的规定和国家强制性标准使用原料、辅料、添加剂、农业投入品的；

（五）销售者没有建立并执行进货检查验收制度，并建立产品进货台账的；

（六）生产企业和销售者发现其生产、销售的产品存在安全隐患，可能对人体健康和生命安全造成损害，不履行本规定的义务的；

（七）生产经营者违反法律、行政法规和本规定的其他有关规定的。

农业、卫生、质检、商务、工商、药品等监督管理部门不履行前款规定职责、造成后果的，由监察机关或者任免机关对其主要负责人、直接负责的主管人员和其他直接责任人员给予记大过或者降级的处分；造成严重后果的，给予其主要负责人、直接负责的主管人员和其他直接责任人员撤职或者开除的处分；其主要负责人、直

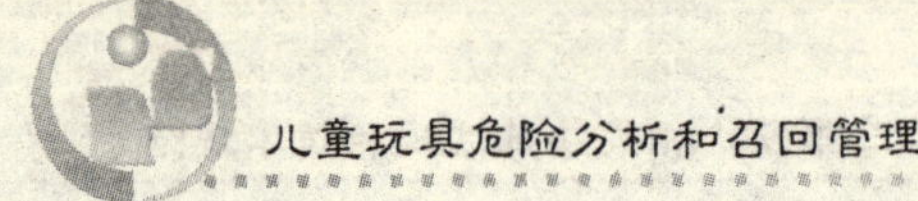

接负责的主管人员和其他直接责任人员构成渎职罪的，依法追究刑事责任。

违反本规定，滥用职权或者有其他渎职行为的，由监察机关或者任免机关对其主要负责人、直接负责的主管人员和其他直接责任人员给予记过或者记大过的处分；造成严重后果的，给予其主要负责人、直接负责的主管人员和其他直接责任人员降级或者撤职的处分；其主要负责人、直接负责的主管人员和其他直接责任人员构成渎职罪的，依法追究刑事责任。

第十四条 农业、卫生、质检、商务、工商、药品等监督管理部门发现违反本规定的行为，属于其他监督管理部门职责的，应当立即书面通知并移交有权处理的监督管理部门处理。有权处理的部门应当立即处理，不得推诿；因不立即处理或者推诿造成后果的，由监察机关或者任免机关对其主要负责人、直接负责的主管人员和其他直接责任人员给予记大过或者降级的处分。

第十五条 农业、卫生、质检、商务、工商、药品等监督管理部门履行各自产品安全监督管理职责，有下列职权：

（一）进入生产经营场所实施现场检查；

（二）查阅、复制、查封、扣押有关合同、票据、账簿以及其他有关资料；

（三）查封、扣押不符合法定要求的产品，违法使用的原料、辅料、添加剂、农业投入品以及用于违法生产的工具、设备；

（四）查封存在危害人体健康和生命安全重大隐患的生产经营场所。

第十六条 农业、卫生、质检、商务、工商、药品等监督管理部门应当建立生产经营者违法行为记录制度，对违法行为的情况予以记录并公布；对有多次违法行为记录的生产经营者，吊销许可证照。

第十七条　检验检测机构出具虚假检验报告，造成严重后果的，由授予其资质的部门吊销其检验检测资质；构成犯罪的，对直接负责的主管人员和其他直接责任人员依法追究刑事责任。

第十八条　发生产品安全事故或者其他对社会造成严重影响的产品安全事件时，农业、卫生、质检、商务、工商、药品等监督管理部门必须在各自职责范围内及时作出反应，采取措施，控制事态发展，减少损失，依照国务院规定发布信息，做好有关善后工作。

第十九条　任何组织或者个人对违反本规定的行为有权举报。接到举报的部门应当为举报人保密。举报经调查属实的，受理举报的部门应当给予举报人奖励。

农业、卫生、质检、商务、工商、药品等监督管理部门应当公布本单位的电子邮件地址或者举报电话；对接到的举报，应当及时、完整地进行记录并妥善保存。举报的事项属于本部门职责的，应当受理，并依法进行核实、处理、答复；不属于本部门职责的，应当转交有权处理的部门，并告知举报人。

第二十条　本规定自公布之日起施行。

强制性产品认证标志管理办法

（摘录）

CNCA 2001 年第 1 号

第一章　总　　则

第一条　为加强对国家强制性产品认证标志(以下简称认证标志)的统一监督管理,维护消费者合法权益,根据国家有关法律、法规的规定,制定本办法。

第二条　本办法适用于《中华人民共和国实施强制性产品认证的产品目录》(以下简称《目录》)中产品的认证标志的制定、发布、使用和管理。

第三条　国家认证认可监督管理委员会统一制定、发布认证标志,对认证标志实施监督管理。

第四条　列入《目录》的产品,必须获得国家认证认可监督管理委员会指定的认证机构(以下简称指定认证机构)颁发的认证证书,并在认证有效期内,符合认证要求,方可使用认证标志。

第五条　列入《目录》的产品必须经认证合格、加施认证标志后,方可出厂、进口、销售和在经营活动中使用。

第二章　认证标志的式样

第六条　认证标志的名称为“中国强制认证”(英文缩写“CCC”)。

第七条　认证标志的图案由基本图案、认证种类标注组成。

(一) 基本图案

基本图案如图一所示。

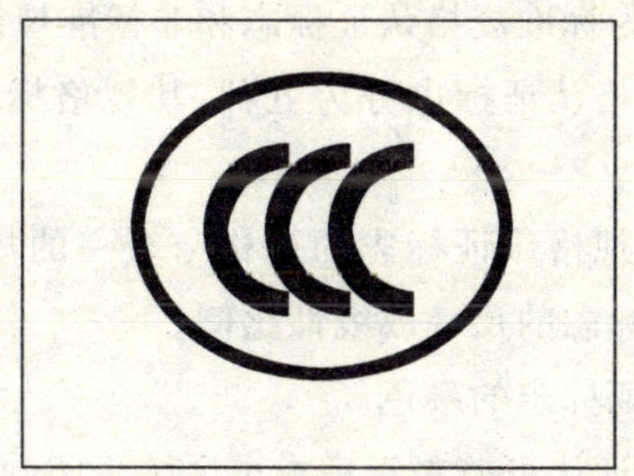

图一　认证标志基本图案

（二）认证种类标注

认证种类标注如图二所示。在认证标志基本图案的右部印制认证种类标注，证明产品所获得的认证种类，认证种类标注由代表认证种类的英文单词的缩写字母组成，如图二中的"S"代表安全认证。

国家认证认可监督管理委员会根据认证工作需要制定和发布有关认证种类标注。

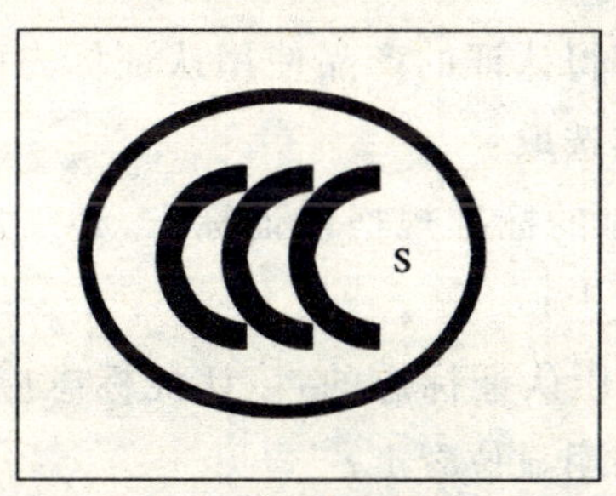

图二　认证标志图案

第八条　在认证合格的特殊产品（如电线、电缆）上适用"中国强制认证"标志的特殊式样，"中国强制认证"的英文缩写"CCC"字样。

第九条 认证标志的规格

认证标志分为标准规格认证标志和非标准规格认证标志。

（一）标准规格认证标志分为五种，其规格标准见表一（略）和图三（略）。

（二）非标准规格认证标志的规格与表一的规定不同，但必须与标准规格认证标志的尺寸成线性比例。

第十条 认证标志的颜色

（一）国家认证认可监督管理委员会统一印制的标准规格认证标志（以下简称统一印制的标准规格认证标志）的颜色为白色底版、黑色图案；

（二）如采用印刷、模压、模制、丝印、喷漆、蚀刻、雕刻、烙印、打戳等方式（以上各种方式在以下简称印刷、模压）在产品或产品铭牌上加施认证标志，其底版和图案颜色可根据产品外观或铭牌总体设计情况合理选用。

第三章 认证标志的使用

第十一条 获得认证的产品使用认证标志的方式可以根据产品特点按以下规定选取：

（一）统一印制的标准规格认证标志，必须加施在获得认证产品外体规定的位置上；

（二）印刷、模压认证标志的，该认证标志应当被印刷、模压在铭牌或产品外体的明显位置上；

（三）在相关获得认证产品的本体上不能加施认证标志的，其认证标志必须加施在产品的最小包装上及随附文件中；

（四）获得认证的特殊产品不能按以上各款规定加施认证标志的，必须在产品本体上印刷或者模压“中国强制认证”标志的特殊式样。

第十二条　获得认证的产品可以在产品外包装上加施认证标志。

第十三条　在境外生产、并获得认证的产品必须在进口前加施认证标志；在境内生产、并获得认证的产品必须在出厂前加施认证标志。

第四章　认证标志的制作、申请和发放

第十四条　统一印制的标准规格认证标志的制作由国家认证认可监督管理委员会指定的印制机构承担。

第十五条　本办法第十一条第二款、第四款规定的认证标志的印刷、模压设计方案应当由认证标志的申请人（以下简称申请人）向国家认证认可监督管理委员会指定的机构（以下简称指定的机构）提出申请，经国家认证认可监督管理委员会审批后，方可自行制作。

第十六条　认证标志的申请使用

（一）申请人必须持申请书和认证证书的副本向指定的机构申请使用认证标志；

（二）申请人委托他人申请使用认证标志的，受委托人必须持申请人的委托书、申请书和认证证书的副本向指定的机构申请使用认证标志；

（三）申请人以函件或者电讯方式申请使用认证标志的，必须向指定的机构提供申请书、认证证书副本的书面或者电子文本，申请使用认证标志。

第十七条　申请人申请使用认证标志，应当按照国家规定缴纳统一印制的标准规格认证标志的工本费或者模压、印刷认证标

志的监督管理费。

第十八条 统一印制的标准规格认证标志由指定的机构发放。

第五章 认证标志的监督管理

第十九条 国家认证认可监督管理委员会对认证标志的制作、发放和使用实施统一的监督、管理。

各地质检行政部门根据职责负责对所辖地区认证标志的使用实施监督检查。

指定认证机构对其发证产品的认证标志的使用实施监督检查。

受委托的国外检查机构对受委托的获得认证产品上的认证标志的使用实施监督检查。

第二十条 指定认证机构和指定的机构有义务向申请人告知认证标志的管理规定,指导申请人按规定使用认证标志。

第二十一条 申请人应当遵守以下规定:

(一) 建立认证标志的使用和管理制度,对认证标志的使用情况如实记录和存档;

(二) 保证使用认证标志的产品符合认证要求;

(三) 对超过认证有效期的产品,不得使用认证标志;

(四) 在广告、产品介绍等宣传材料中正确地使用认证标志,不得利用认证标志误导、欺诈消费者;

(五) 接受国家认证认可监督委员会、各地质检行政部门和指定认证机构对认证标志使用情况的监督检查。

第二十二条 经国家认证认可监督管理委员会指定的认证机构、检测机构及检查机构可以在其业务及广告宣传中正确地使用认证标志，不得利用认证标志误导、欺诈消费者。

第二十三条 承担统一印制的标准规格认证标志制作工作的企业必须对认证标志的印制技术和防伪技术承担保密义务，未经国家认证认可监督管理委员会的授权，不得向任何机构或个人提供统一印制的标准规格认证标志和印制工具。

第二十四条 认证有效期内的产品不符合认证要求，指定认证机构应当责令申请人限期纠正，在纠正期限内不得使用认证标志。

第二十五条 伪造、变造、盗用、冒用、买卖和转让认证标志以及其他违反认证标志管理规定的，按照国家有关法律法规的规定，予以行政处罚；触犯刑律的，依法追究其刑事责任。

第二十六条 指定认证机构和指定的机构及其工作人员不履行职责或者滥用职权的，按有关规定予以处理。

第六章 附 则

第二十七条 本办法所称的认证标志的申请人为认证证书的持有人。

第二十八条 本办法由国家认证认可监督管理委员会负责解释。

第二十九条 本办法自2002年5月1日起实施。

第一批实施强制性认证的玩具产品目录

2005年12月30日，国家质量监督检验检疫总局、国家认证认可监督管理委员会发出2005年第198号公告，决定在我国实施对产品的强制性认证。首批列入发证目录的产品有童车、电玩具、弹射玩具、金属玩具、娃娃玩具、塑胶玩具等六大类产品。详细的产品特征见附表。

公告规定，自2007年6月1日起，以上六类玩具产品，未获得强制性产品认证证书和未加施中国强制性认证标志的，不得出厂、销售、进口或在其他经营活动中使用。

实施强制性认证的六类玩具的目录和特征描述

（根据第198号公告附件整理）

产品大类	产品名称	产品特征
童车类	儿童自行车	最大鞍座高度为435mm～635mm，带或不带平衡轮的各种轮径、款式的儿童自行车。
	儿童三轮车	各种款式的儿童三轮车（含：推骑两用儿童三轮车；车轮与地面接触点呈现梯形，且窄轮距小于宽轮距的一半的儿童三轮车）。
	儿童推车	各种款式的可调节或不可调节的儿童推车（如：坐式、卧式、坐卧两用、多用途的儿童推车）。
	婴儿学步车	各种框架结构的婴儿学步车（如：X型、O型、折叠式、可调节弹性框架的婴儿学步车）。
	玩具自行车	最大鞍座高度小于435mm的各种轮径、款式的玩具自行车。
	电动童车	各种款式的电动童车，如：二轮式、三轮式、四轮式等。
	其他玩具车辆	各种类型的踏板车。

续表

产品大类	产品名称	产　品　特　征
电玩具	电动玩具	其他各种不同控制方式(手动开关式、遥控式等)的电驱动玩具。 各种玩具电动火车及配件。 各种电动动物玩具,如:电动玩具狗、遥控玩具恐龙。
	视频玩具	各种带视频的玩具,如:学习机玩具等。
	声光玩具	各种电驱动发声光的玩具,如:乐器玩具。 各种电驱动发声光的语音玩具。
塑胶玩具	静态塑胶玩具	各种静态塑胶的玩偶服饰类附件,如:塑胶玩偶鞋、靴、帽。 除服饰类附件的其他各种静态塑胶的玩偶零件、附件,如:塑胶玩偶的书包、手持饰品及零配件等玩具配件。 各种静态塑胶建筑玩具及建筑套件,如:塑胶建筑拼插玩具、建筑积木玩具等。 各种静态塑胶的动物玩具,如:塑胶玩具狗等。 各种静态塑胶玩具乐器,如:塑胶吉他玩具、架子鼓玩具等。 各种静态塑胶智力玩具,如:塑胶魔方玩具、棋类玩具等。 各种静态塑胶的套装玩具。
	机动塑胶玩具	各种非电机芯驱动塑胶玩具,如:塑胶惯性玩具、发条玩具等。 各种非电机芯驱动塑胶动物玩具,如:塑胶发条玩具狗等。

续表

产品大类	产品名称	产品特征
金属玩具	静态金属玩具	各种静态金属建筑玩具及建筑套件,如:金属拼插玩具桥、金属玩具塔等。 各种静态金属动物玩具:如:金属玩具狗等。 各种静态金属智力玩具,如:金属巧环玩具等。 各种静态金属组装成套的其他套装玩具。 其他各种未列名的静态金属玩具,如:金属车、摩托车以及模型玩具等。
	机动金属玩具	各种非电机芯驱动金属玩具,如:金属惯性玩具、发条玩具等。 各种非电机芯驱动金属动物玩具,如:金属发条狗玩具等。
弹射玩具	弹射玩具	各种带有弹射机构的弹射玩具,如:以弹簧、弹性绳、气压式蓄能的弹射玩具。 各种非蓄能弹射玩具,如:玩具弓箭、玩具飞镖等。
娃娃玩具	娃娃玩具	各种着装或不着装的玩偶娃娃。 各种娃娃服装及附件,如:娃娃的鞋、靴、帽等附件。 其他娃娃的零件、附件,如玩偶的发卡、梳子等及可装配的附件。

ICS 03.080.30;97.200.50
A 12

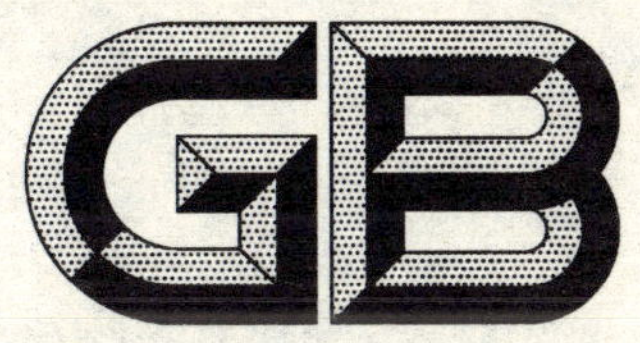

中华人民共和国国家标准

GB 5296.5—2006

代替 GB 5296.5—1996

消费品使用说明 第5部分:玩具

Instructions for use of products of consumer interest—Part 5:Toys

2006-07-11 发布 2007-06-01 实施

中华人民共和国国家质量监督检验检疫总局
中国国家标准化管理委员会 发布

前　言

本部分 4.1、4.4、第 5 章、6.2、6.3、8.2 为强制性条款，其他为推荐性条款。

GB 5296《消费品使用说明》分为六个部分：

——第 1 部分：总则；

——第 2 部分：家用和类似用途电器；

——第 3 部分：纺织品和服装；

——第 4 部分：化妆品；

——第 5 部分：玩具；

——第 6 部分：家具。

本部分为 GB 5296 的第 5 部分。

本部分代替 GB 5296.5—1996《消费品使用说明　玩具使用说明》。

本部分与 GB 5296.5—1996 相比主要变化如下：

——对 1996 年版的章、条结构由 6 章调整为 8 章；

——增加了“术语和定义”一章(见第 3 章)；

——修改了 1996 年版第 4 章“使用说明的内容”，由条文 12 条调整为 10 条(见本版的第 5 章)；

——修改了“年龄范围”的标注要求(1996 年版的 4.4；本版的 5.4)；

——修改了“安全警示”的标注要求(1996 年版的 5.4；本版的 5.5)；

——修改了“主要成分或材质”的标注要求(1996 年版的 4.3；

本版的 5.6)；

——修改了“使用方法”的标注要求(1996 年版的 4.7；本版的 5.7)；

——修改了“维护和保养”的标注要求(1996 年版的 4.9；本版的 5.8)；

——增加了“耐久性标签”的规定(见 6.2)；

——增加了第 7 章“安放位置”的规定(见第 7 章)；

——修改了“基本要求”的规定(1996 年版的第 6 章；本版的第 8 章)；

——删除了 1996 年版的附录 A“玩具使用说明有关内容的表述”。

本部分由中国标准化研究院提出并归口。

本部分起草单位：中国标准化研究院、中国轻工业联合会、中国玩具协会、上海方圆玩具检验所、国家质量技术监督局广州电气安全检验所、国家轻工业玩具质量监督检测北京站。

本部分主要起草人：左佩兰、张艳芬、俞庆云、刘唐书、杨颖梅、谢凤华。

本部分所代替标准的历次版本发布情况为：

——GB 5296.5—1996。

消费品使用说明　第5部分:玩具

1　范围

GB 5296的本部分规定了玩具使用说明的基本原则、标注内容、形式、安放位置及字体、字号的要求等。

本部分适用于玩具产品的使用说明。

2　规范性引用文件

下列文件中的条款通过GB 5296的本部分的引用而成为本部分的条款。凡是注日期的引用文件,其随后所有的修改单(不包括勘误的内容)或修订版均不适用于本部分,然而,鼓励根据本部分达成协议的各方研究是否可使用这些文件的最新版本。凡是不注日期的引用文件,其最新版本适用于本部分。

GB 5296.1　消费品使用说明　总则

GB 6675　国家玩具安全技术规范

3　术语和定义

GB 5296.1中确立的以及下列术语和定义适用于本部分。

3.1　玩具　toys

设计或明显地预定给14岁以下儿童玩耍的产品或材料。

3.2　使用说明　instruction for use

是向使用者传达如何正确、安全使用产品的信息工具。它通常以使用说明书、标签、标志等形式表达。它可以用文件、词语、标牌、符号、图表、图示以及听觉或视觉信息，采取单独或组合的方法使用。它们可以用于产品上、包装上，也可作为随同资料。如，活页资料、手册、录音带、录像带以及计算机用资料交付。

[GB 5296.1—1997，定义 3.2]

3.3 耐久性标签 permanent label

永久附在产品本身上，并能承受该使用说明中规定的使用过程，保持字迹清楚易读的标签。

4 基本原则

4.1 玩具产品的交付应包括使用说明。

4.2 使用说明应能使消费者正确安全地使用玩具，将使用不当造成的伤害降到最低。

4.3 使用说明应真实说明产品的使用效果，不应借用使用说明掩盖设计上的缺陷。

4.4 对使用中可能造成伤害的玩具，应有安全警示说明或警示标志。

4.5 使用说明的编制、安全警示、使用说明耐久性的要求应符合 GB 5296.1 的规定。

5 标注内容

5.1 产品名称

产品名称应符合国家、行业、企业标准的名称，且能表明产品真实属性的名称。

5.2 产品型号

使用说明上需标注的型号、规格应与产品上型号相一致。

5.3 产品标准编号

在包装、使用说明或标签上应标明产品所执行标准的编号。

5.4 年龄范围

在产品包装、使用说明书及标签上应标明玩具所适用的年龄范围。

适用年龄范围及说明性的年龄标志标注要求应符合 GB 6675 的规定。

5.5 安全警示

对需要有警示标志或警示说明的玩具应予以标明。

安全警示的标注要求及表述方法应符合 GB 6675 的规定。

5.6 毛绒布制玩具材质主要成分的名称和含量

毛绒布制玩具应标明产品所用面料以及填充材料的主要成分的通用名称和含量。

5.7 安全使用方法及组装图

结构及使用方法较复杂、不易安装的产品，拼插、组装玩具应在使用说明或标签上按正确使用程序，分步骤标明详细的使用方法或组装图。

5.8 维护和保养

对影响安全使用或健康卫生的玩具应标明维护和保养的方法。

5.9 安全使用期限

需要限期使用的产品，应标明生产日期和安全使用期(按年、月、日顺序标注)。

5.10 生产者、经销者的名称地址

应标明产品生产者依法登记注册的名称和地址。

应标明该产品的原产地(国家/地区)以及代理商或进口商或销售商在中国依法登记注册的名称和地址。

6 形式

6.1 根据玩具产品的特点，使用说明可采用以下之一或它们的组合：

——直接压印、粘贴在产品上的使用说明；

——缝制或悬挂在产品上的标签、标牌；

——随产品提供的使用说明书；

——置于产品包装上的使用说明。

6.2 安全警示的标注应采用耐久性标签，并且应永久地附在产品和/或包装上。由于产品结构或尺寸影响，不便附在产品上的安全警示，应附在包装和使用说明书上。

6.3 使用说明应按单件产品或最小销售单位提供。

7 安放位置

7.1 产品上或包装上的使用说明宜置于便于识别的部位。

7.2 毛绒布制玩具的安全警示标签宜缝制在产品上。

7.3 当同时采用几种形式的使用说明时，应保证其内容的一致性。

8 字体、字号

8.1 在国内销售的产品，使用说明应使用规范的汉字。汉字、数字和字母的尺寸应不小于五号字体。

8.2 “危险”、“警告”、“注意”等安全警示的字体应不小于四号黑体字，警示内容的字体应不小于五号黑体字。

附　录

参考资料

香港特别行政区政府现行条例第424章 玩具及儿童产品安全条例[1]

详　题

本条例旨在就儿童玩具及指明的儿童用品的安全标准制定条文，并为加强儿童安全而就有关的其他权力制定条文。

第Ⅰ部　导　言

第1条　简称

(1) 本条例可引称为《玩具及儿童产品安全条例》。

(2)（已失时效，略去）

第2条　释义

在本条例中，除文意另有所指外——

"收回通知书"(recall notice)指根据第12(1)条送达的通知书；

"玩具"(toy)指设计供儿童玩耍或显见是拟供儿童玩耍的产品或物料；

"房产"(premises)包括任何地方及任何摊档，不论摊档是永久或临时性质的摊档；

"儿童产品"(children's product)指列于附表内的产品，而在第Ⅳ至Ⅸ部中，"儿童产品"亦包括由规例指定为儿童产品的产品；

---

[1] 2007年10月1日摘自香港特别行政区政府网站，使用者应根据香港政府公布的繁体中文版本的内容进行核实。某些引用标准可能已经有新的版本，使用者应注意向权威部门查询。

"供应"(supply) 指——

(a) 售卖或出租;

(b) 为销售或出租而要约、管有或陈列;

(c) 为任何约因交换或处置;

(d) 根据以下事宜而转传、传递或交付——

(i) 销售;

(ii) 出租;或

(iii) 以任何约因作出的交换或处置;或

(e) 为商业目的而将货物作为奖品或礼物送出;

"宣传"(advertise) 包括发出以公众为对象的目录、传单或价目表;

"记录"(record)、"文件"(document) 包括——

(a) 簿册、付款凭单、收据或数据资料,或以不能阅读的形式记录但能以可阅读形式重现的资料;及

(b) 文件、记录碟、记录带、声轨或其他器材,而他们是载有声音或其他非视觉影像的数据以便能够重播的(不论是否藉着其他设备的辅助),以及任何影片(包括微缩影片)、录影带或其他器材,而它们是载有视觉影像以便能够重播的。(不论是否藉着其他设备的辅助);

"货物"(goods) 指玩具或儿童产品;

"禁制通知书"(prohibition notice) 指根据第11(1)条送达的通知书;

"过境货物"(goods in transit) 指纯粹为带离香港而被带进香港的货物,而该等货物一直留在将其带进香港的船只或飞机上;

"标准协会"(standards institution) 包括——

(a) 英国标准协会(British Standards Institution);或

(b) 在一份由国际标准化组织及国际电工技术委员会联合出版的名为《1991年国际标准化组织及国际电工技术委员会指引第2章》(the ISO/IEC Guide 2：1991)的指引中所界定的其他标准团体；

"获授权人员"(authorized officer) 指《香港海关条例》(第342章)附表1指明的人员或关长根据第19条委任为获授权人员的人员；

"关长"(commissioner) 指海关关长、副海关关长、助理海关关长及任何由海关关长书面指定行使海关关长在本条例下的权力的公职人员；

"转运"(transhipment) 指以全程提单或全程航空货单自香港以外的一处地方托运往香港以外的另一处地方的物品的进口，而该物品是或将从其进口所在船只、车辆或飞机移走，并在出口前放回同一船只、车辆或飞机，或转移至另一船只、车辆或飞机，不论该物品是否直接转移，亦不论该物品是否在进口后等候出口期间先行在香港卸在陆上及储存；

"警告通知书"(notice to warn) 指根据第10(1)条送达的通知书。

第Ⅱ部　玩具安全

第3条　玩具须符合安全标准规定

(1) 任何人不得制造、进口或供应玩具，除非该玩具(包括其包装)符合以下安全标准中其中一套标准内所载的各项适用的规定——

(a) 国际玩具工业委员会(International Committee of Toy Industries) 所订立的国际玩具自律安全标准(International Volunta-

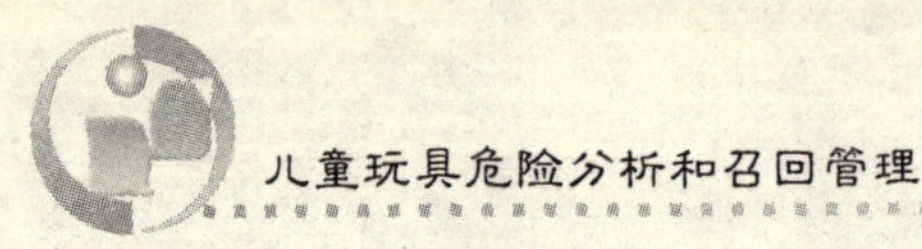

ry Toy Safety Standard)；

(b) 欧洲标准委员会(European Committee for Standardization)所订立的欧洲标准 71(European Standard EN 71)；

(c) 美国材料及试验学会(American Society for Testing and Materials)所订立的美国材料及试验学会标准 F963(ASTM F963)。

(2) 除根据第 4 条而另有规定外，第(1)款所指的安全标准，是指本条例实施当日有效的该等标准。

(3) 第(1)款不适用于过境货物、转运中的货物或为供出口而制造的货物。

(4) 凡第(1)(a)、(b)及(c)款所指的安全标准中其中 1 套或 2 套标准并无载有适用于某一玩具的规定，该玩具则须符合载有适用规定的安全标准中其中一套标准内所载的规定，否则该玩具即当作不符合第(1)款规定。

(5) 任何人违反第(1)款，即属犯罪。

第 4 条　安全标准的修订

在本条例实施后，凡第 3(1)条所指的任何安全标准有所修订，商务及经济发展局局长可在宪报刊登公告，规定有关修订适用于香港，而自公告刊登当日起，第 3(1)条即适用于该套经修订的安全标准。

第Ⅲ部　儿童产品

第 5 条　指明儿童产品须符合安全标准

(1) 任何人不得制造、进口或供应列于附表第 1 栏的儿童产品，除非——

(a) 该产品在每一方面均符合附表第 2 栏相对于该产品的位

置而列出的规格以及附表第3栏列出的对该规格的任何修订；或

(b)(如附表第2栏就个别产品列出2个或多于2个的标准协会所采纳的规格)该产品在每一方面均符合该等规格中其中最少一种以及(如有的话)附表第3栏列出的其各别的修订。

(2)(废除)

(3) 第(1)款不适用于过境货物、转运中的货物或为供出口而制造的货物。

(4) 任何人违反第(1)款，即属犯罪。

第6条　附表的修订

(1) 除第(2)款另有规定外，商务及经济发展局局长可在宪报刊登公告，修订附表。

(2) 就已在《1997年玩具及儿童产品安全(修订)条例》(1997年第16号)生效之时附表第1栏列出的任何儿童产品，商务及经济发展局局长不得藉加入任何标准协会的规格("有关规格")而修订附表，除非他加入的该有关规格相当于附表第2栏就个别儿童产品列出的规格。

第7条　(废除)

第Ⅳ部　一般安全规定

第8条　一般安全规定

(1) 任何人不得制造、进口或供应并不符合一般安全规定的玩具或儿童产品。

(2) 就本条而言，"一般安全规定"(general safety requirement)指在考虑所有包括以下(a)及(b)段的情况后，为确保某玩具或儿童产品在合理范围内安全而负上的责任——

(a) 该玩具或儿童产品推出市场的目的及推出时所采用或将

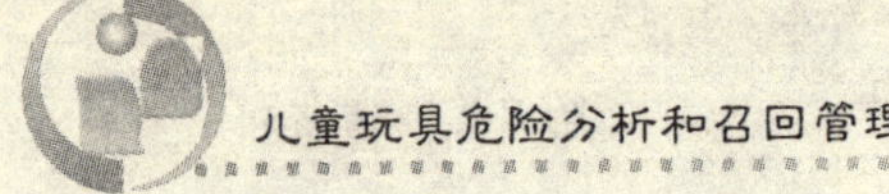

采用的形式，就该玩具或儿童产品所采用的任何标记，及就该玩具或儿童产品的存放或使用所给予或将给予的任何指示或警告；及

(b) 在顾及改进的费用、可能性及程度后，是否有合理方法使得该玩具或儿童产品更为安全。

(3) 就本条而言，凡——

(a) 第3(1)(a)、(b)及(c)条所列的安全标准中其中最少一套标准载有适用于某一玩具的规定；及

(b) 该玩具(包括其包装)符合上述载有适用规定的安全标准中其中最少一套标准内的各项适用的规定，该玩具即须当作符合一般安全规定。

(4) 就本条而言，任何列于附表的儿童产品，若在每一方面均符合附表内相对于该产品的位置而列出的规格或(如有多于一种规格)最少其中一种有关规格，须当作符合一般安全规定。

(5) 第(1)款不适用于过境货物、转运中的货物或为供出口而制造的货物。

(6) 任何人违反第(1)款，即属犯罪。

(7) 在控告任何人犯本条所订关于玩具或儿童产品的罪行的诉讼中，该人可指出以下事宜作为免责辩护——

(a) 他合理地相信该等玩具或儿童产品不会在香港使用；

(b)

(i) 他是在经营零售业务中供应该等玩具或儿童产品；及

(ii) 他供应该等玩具或儿童产品时，并不知道亦无合理理由相信该等玩具或儿童产品不符合一般安全规定；或

(c) 他售卖该等玩具或儿童产品的条款显示该等玩具或儿童产品并非作新货物出售。

第Ⅴ部 化验所测试

第9条 化验所

(1) 在本条、第24(4)(b)及25(4)条中,“认可化验所”(approved laboratory)指创新科技署署长为测试玩具及儿童产品的目的而以书面认可的化验所。

(2) 任何人均可自费要求认可化验所测试任何玩具或儿童产品,以决定其是否符合第3(1)(a)、(b)及(c)条所列的安全标准中其中最少一套标准内适用的规定或附表所列的有关规格或(如有多于一种规格)最少其中一种有关规格(视乎情况而定)。

(3) 关长在购买或检取任何玩具或儿童产品后,可要求政府化验师予以测试,以决定其是否符合第3(1)(a)、(b)及(c)条所列的安全标准中其中最少一套标准内适用的规定或附表所列的有关规格或(如有多于一种规格)最少其中一种有关规格(视乎情况而定)。

第Ⅵ部 附加管制

第10条 警告通知书

(1) 关长凡合理地相信任何玩具或儿童产品在某些情况下可能并不安全,可向任何人发出警告通知书,规定该人须按通知书指明的格式或方式及情况,自行安排及自费发布警告,警告须说明除非采取若干措施,否则指明的玩具或儿童产品可能并不安全。

(2) 任何人获送达警告通知书但却拒绝或不予遵从,即属犯罪。

第11条 禁制通知书

(1) 如关长合理地相信任何玩具或儿童产品——

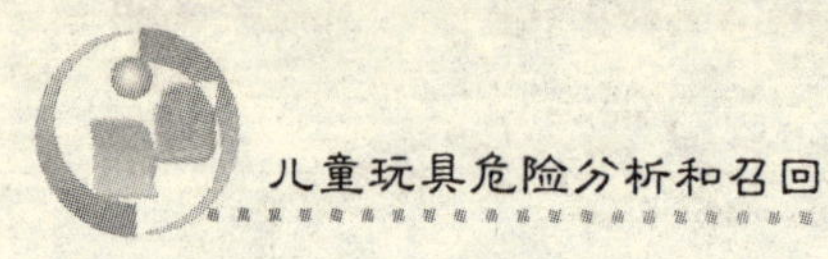

(a) 不符合第3(1)(a)、(b)及(c)条所列的安全标准中其中最少一套标准内适用的规定、附表所列的有关规格或(如有多于一种规格)最少其中一种有关规格或规例所订立的附加安全标准;或

(b) 根据本条例并无适用的安全标准或规格,但却是不安全或可能不安全,关长可向任何人送达一份禁制通知书,禁制该人在不超过6个月的指明期间内供应该玩具或儿童产品。

(2) 任何人获送达禁制通知书但却拒绝或不予遵从,即属犯罪。

第12条 收回通知书

(1) 如关长合理地相信——

(a) 任何玩具或儿童产品——

(i) 不符合第3(1)(a)、(b)及(c)条所列的安全标准中其中最少一套标准内适用的规定、附表所列的有关规格或(如有多于一种规格)最少其中一种有关规格或规例所订立的附加安全标准;或

(ii) 根据本条例并无适用的安全标准或规格,但却是不安全或可能不安全;及

(b) 该玩具或儿童产品有引致重伤的相当的危险性,

关长可向任何人送达一份通知书,规定立即停止供应该玩具或儿童产品并在合理可行的程度内,将已供应的物品收回。

(2) 任何人获送达收回通知书但却拒绝或不予遵从,即属犯罪。

第13条 关长的其他权力

(1) 关长——

(a) 如有合理理由相信某玩具或儿童产品——

(i) 并不符合第3(1)(a)、(b)及(c)条所列的安全标准中其中最少一套标准内适用的规定、附表所列的有关规格或(如有多于一

种规格)最少其中一种有关规格或规例所订立的附加安全标准;或

(ii) 可能不符合第8条所订的一般安全规定,

可规定其制造商、进口商或供应商依照关长指明的形式及方式对该玩具或儿童产品进行测试;

(b) 可规定任何玩具或儿童产品的制造商、进口商或供应商修改某玩具或儿童产品或其标签、包装或宣传品使该玩具或儿童产品符合——

(i) 第3(1)(a)、(b)及(c)条所列的安全标准中其中最少一套标准内适用的规定、附表所列的有关规格或(如有多于一种规格)最少其中一种有关规格或规例所订立的附加安全标准;或

(ii) 第8条所订的一般安全规定;及

(c) 可规定宣传某指明的玩具或儿童产品的人,在宣传品内加上警告告示。

(2) 任何人不遵从或拒绝遵从关长根据第(1)款作出的规定,即属犯罪。

第Ⅶ部 上 诉

第14条 向上诉委员会提出上诉

(1) 任何人如因关长根据第Ⅵ部作出的决定或采取的行动而感受委屈,可向根据第16条委任的上诉委员会提出上诉。

(2) 上诉人须在关长作出决定或采取行动后的14天内,向关长递交一份上诉通知,述明事项要旨及上诉理由。

(3) 关长在接获上诉通知后,须将该通知转交商务及经济发展局局长。

(4) 除非关长另有决定,否则他的决定不会因根据本条就该决定提出的上诉而暂缓执行。

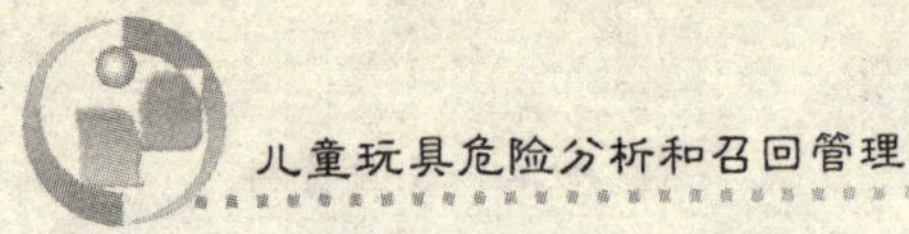

第 15 条　上诉委员团

(1) 商务及经济发展局局长须按以下人数及组别委任上诉委员团成员——

(a) 主席及副主席各 1 名，二人均须根据《法律执业者条例》(第 159 章)有资格以律师或大律师身份执业；

(b) 不超过 5 名在玩具或儿童产品方面具备有关专长的科学家或科技专家；

(c) 不超过 5 名来自玩具工业或儿童产品工业的人士；

(d) 不超过 5 名不在(b)及(c)段所指组别内的公众人士。

(2) 公职人员并无被委为上诉委员团成员的资格。

(3) 成员的任期由商务及经济发展局局长决定，而商务及经济发展局局长可就不同的成员定出不同的任期，成员的任期完结时并且可再被委任。

第 16 条　上诉委员会

(1) 商务及经济发展局局长根据第 14 条从关长处接获上诉通知后，须在合理情况下尽快委任一个上诉委员会聆讯上诉，而委员会主席由上诉委员团主席或副主席出任，其他委员由上诉委员团其他每个组别的其中 1 名成员出任。

(2) 上诉委员会主席有权投决定票。

(3) 各上诉委员会委员的酬金须由立法会为此而提供的款项支付；酬金率由商务及经济发展局局长决定。

第 17 条　上诉委员会的聆讯

(1) 上诉委员会主席须通知上诉人上诉聆讯的时间及地点。

(2) 上诉委员会进行上诉聆讯时，上诉人及关长均可由代理人或根据《法律执业者条例》(第 159 章)有资格以律师或大律师身份执业的人代表。

(3) 上诉人及关长均可提出证据。

(4) 上诉委员会须就上诉聆讯订立其程序。

第 18 条　上诉委员会的权力

(1) 上诉委员会可藉主席所签署的通知——

(a) 命令任何人出席委员会聆讯及作证；

(b) 命令任何人出示文件，而任何人不遵从或拒绝遵从上诉委员会根据本款发出的命令，即属犯罪。

(2) 上诉委员会可——

(a) 确认或推翻关长的决定或行动；

(b) 作出关长原可作出的决定；或

(c) 命令关长采取他权力范围内可采取的任何行动。

(3) 上诉委员会可就根据本条进行的聆讯的讼费及关长或聆讯当事人的讼费的支付问题，发出其认为适当的命令。

(4) 上诉委员会须将其决定及所据理由通知上诉人及关长。

(5) 根据本条所颁予或施加的讼费，可作为民事债项追讨。

第Ⅷ部　执　　行

第 19 条　获授权人员的委任

关长可为本条例的施行而委任任何公职人员为获授权人员。

第 20 条　进入房产及检查、检取货物和文件的权力

(1) 获授权人员可行使以下权力，但如有人向其如此要求，则须先行出示其委任证明，方可行使该等权力——

(a) 在符合第 21 条的规限下，可检查任何货物及进入任何房产、车辆、船只或飞机，以确定是否有人已经或正在犯本条例所订的任何罪行；

(b) 如获授权人员有合理理由怀疑有人已犯本条例所订罪行，

他可检取或扣留任何货物，以便藉测试或其他方式确定是否有人已犯该罪行；

(c) 为确定是否有人已犯本条例所订罪行，可规定任何经营任何贸易或业务的人或相关于该贸易或业务而受雇的人，出示关于该贸易或业务的任何簿册或文件，并可取去任何簿册或文件的正本或副本或该等簿册或文件内的任何项目的正本或副本；

(d) 如获授权人员有合理理由怀疑有人已经或正在就任何房产、车辆、船只或飞机内的货物犯本条例所订罪行，他可——

(i) 进入及搜查有关房产；

(ii) 截停、登上及搜查有关车辆、船只或飞机；及

(e) 在以下情况下，可检取、移走或扣留有关货物或物件——

(i) 他有合理理由怀疑有人已经或正在就该货物而犯本条例所订罪行；及

(ii) 他有理由相信在本条例所订罪行的诉讼中，可能需以该物件作为证据。

(2) 任何获授权人员——

(a) 为行使其根据第(1)(e)款检取货物的权力，可强行开启任何容器或开启任何售货机；

(b) 为进行本条例授权进行的搜查，可按需要而强行开启任何外门或内门；

(c) 可强行登上任何其获本条例授权可截停、登上或搜查的车辆、船只或飞机；

(d) 可强行移走任何妨碍他行使本条例赋予他的权力的人或物件；

(e) 如在获本条例授权进行的搜查过程中发现任何人，而在查询后，该人员有合理理由相信该人与该搜查的标的物有关联，而该

人员认为有需要扣留该人以便能充分进行搜查，可在搜查期间或该人员认为适当的较短期间，扣留该人；

(f) 可拘捕或扣留任何他合理地怀疑正在或已经犯本条例所订罪行的人，以作进一步查讯；及

(g) 扣留任何其根据本条例获授权可截停、登上及搜查的车辆、船只或飞机，直至搜查完毕为止。

(3) 获授权人员根据第(2)(f)款拘捕任何人后，须立即将被捕的人带返警署(但若该获授权人员认为有需要作进一步查讯，则须先行将该被捕的人带往海关的办事处始行带返警署)，到警署后须按照《警察条例》(第 232 章)的规定处理；但任何人无论已否被拘捕，在任何情况下，均不得根据第(2)(f)款扣留他超过 48 小时而不予起诉及提交裁判官处理。

(4) 若任何人强行抵抗或企图规避根据第(2)(f)款进行的拘捕，有关获授权人员可采用按理所需的武力以完成拘捕。

第 21 条　进入及搜查的限制

(1) 获授权人员不得进入及搜查任何住宅房产，除非——

(a) 裁判官已根据第(2)款签发令状；或

(b) 关长已根据第(3)款作出授权。

(2) 裁判官如根据经起誓的告发，信纳有合理理由怀疑在任何住宅房产内有根据第 20(1)(e)条可予检取、移走或扣留的货物或物件，可签发令状授权获授权人员进入及搜查该房产。

(3) 关长如信纳有合理理由怀疑有以下事情，可以书面授权一名获授权人员进入及搜查有关房产——

(a) 在任何住宅房产内有根据第 20(1)(e)条可予检取、移走或扣留的货物或物件；及

(b) 除非立即进入及搜查该房产，否则该货物或物件可能自该

房产被移走。

(4) 根据第(2)或(3)款获授权进入及搜查住宅房产的获授权人员,可带同他认为需要以协助他进入及搜查该房产的任何其他人及配备。

第22条　获取资料的权力

(1) 关长凡认为某人有某些资料,是关长所需以助其决定是否送达、修改或撤回以下通知书的,关长可根据本条向该人送达一份通知书——

(a) 警告通知书;

(b) 禁制通知书;或

(c) 收回通知书。

(2) 根据第(1)款发出的通知书可规定该人——

(a) 在通知书指明的期间内,向关长提供指明的资料;及

(b) 在通知书指明的时间及地点出示指明的记录,并容许关长指派的人在该时间地点取去该等记录的任何副本。

(3) 任何人如有以下行为,即属犯罪——

(a) 无合理解释而不遵从根据本条向他送达的通知书;

(b) 提供他知道在要项上失实的资料;或

(c) 罔顾真伪地提供在要项上失实的资料。

第23条　妨碍

(1) 任何人如有以下行为,即属犯罪——

(a) 故意妨碍任何获授权人员根据本条例行使权力或执行职务;或

(b) 在无合理解释下,不向获授权人员提供该人员为根据本条例执行职能而合理地向他索取的协助或资料。

(2) 任何人在提供按第(1)(b)款所索取的资料时有以下行为,

即属犯罪——

(a) 作出他知道在要项上失实的陈述;或

(b) 罔顾真伪地作出在要项上失实的陈述。

(3) 任何人若回答任何问题或提供任何资料可能导致他本人犯罪,第(1)(b)款不须被理解为规定该人回答该问题或提供该资料。

第24条　被检取货物的毁灭及发还

(1) 凡在以下情况,所涉货物可予毁灭——

(a) 任何人在违反第3条的情况下,制造、进口或供应任何玩具;

(b) 任何人在违反第5条的情况下,制造、进口或供应任何儿童产品;或

(c) 任何人在违反第8条的情况下,制造、进口或供应任何玩具或儿童产品。

(2) 凡获授权人员根据第20条检取或扣留货物,关长可随时将货物发还予他认为是货主的人或该等人的授权代理人,并可以书面指明有关条件。

(3) 凡货物并无根据第(2)款发还,关长可在根据本条例就任何罪行提起的检控中,或在根据本条例进行的其他诉讼中,向法庭或裁判官申请毁灭该等货物。

(4) 如法庭或裁判官在聆讯根据第(3)款提出的申请后,信纳货物可予毁灭——

(a) 可命令将货物毁灭;或

(b) 但如将货物更改以符合本条例的规定亦属可行,可命令将货物发还货主,条件是货主须如上所述将货物更改,并须在供应货物予任何人以前,向关长提交认可化验所的证明,证明货物已如上

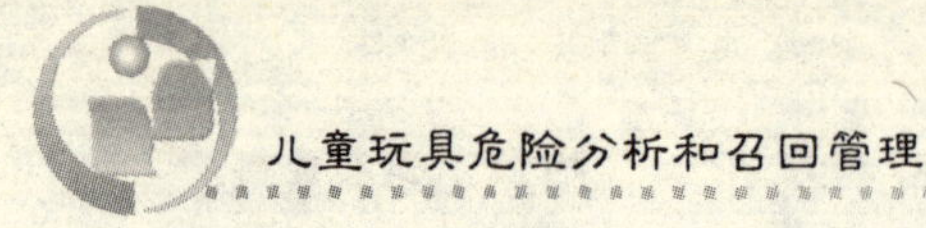

所述经更改，并已获关长的书面批准。

(5) 凡根据第(3)款提出的毁灭货物申请并非在一宗罪行的检控中向法庭或裁判官提出，则关长须尽速以书面向货主或其授权代理人发出通知，但货主或货主的授权代理人若已用书面向关长表示无须该等通知，或货主身份在合理情况下不能确定，则属例外。

(6) 如有超过1名货主，则只须向其中1名货主或其授权代理人发出通知，或由其中1名货主或其授权代理人表示无须关长通知，则已足够符合第(5)款的规定。

第Ⅸ部　杂　　项

第25条　提出已尽应尽的努力为免责辩护

(1) 在检控任何人犯第3、5、8、10、11、12或13条或根据第35条订立的规例所订罪行的诉讼中，该人可指出他已采取一切合理措施及已尽应尽的努力以避免犯该罪行，作为免责辩护。

(2) 在任何诉讼中，凡任何人提出第(1)款所予的免责辩护时涉及一项指称——

(a) 指称他是因另一人的作为或过失而致犯罪；或

(b) 指称他是因倚赖另一人所提供的资料而致犯罪，

则除非首述的人在该诉讼开始聆讯日最少7整个工作天前，已向提起诉讼的人送达通知书，提供在送达通知书时具有的、任何可指出或协助指出该另一人身份的资料，否则首述的人如无法庭批准，不得倚赖该项免责辩护。

(3) 任何人不得以其须倚赖另一人提供资料为理由，而倚赖第(1)款所予的免责辩护，除非他可指出在一切情况下(尤其考虑以下(a)及(b)段事宜)，他倚赖该等资料属合理的——

(a) 他为核实该等资料而采取及在合理情况下当已采取的措施;及

(b) 他是否有理由不相信该等资料。

(4) 法庭就第(1)款所予的免责辩护作出决定时,如有关检控的标的为某玩具或儿童产品,而任何认可化验所在第9(2)条下所发出的证明书指出该玩具或儿童产品的样本已在售卖该玩具或儿童产品前经过测试,并已符合证明书所指明的安全标准,则法庭可将已发出证明书一事,纳入其考虑范围。

第26条　主犯以外人士的法律责任

(1) 凡任何人因他人在营业过程中的作为或过失而致犯第25条所适用的罪行,后述的人即属犯该罪,而不论首述的人有否被检控均可被检控及受罚。

(2) 凡任何法团就任何作为或过失而犯本条例所订罪行,而该作为或过失经表明为得到该法团的任何董事、经理、秘书或其他相近身份的人员或看来是以该等身份行事的人的同意或纵容,或可归咎于上述任何人的疏忽,则该人及法团同属犯了该罪行而均可被检控。

(3) 凡法团的事务由其成员管理,第(2)款适用于成员在其管理的职能方面的作为及过失,犹如他是该法团的董事。

(4) 凡任何机构犯本条例所订罪行,而该罪行经证明为得到该机构的任何合伙人或与该机构管理有关的任何人的同意或纵容,或可归咎于上述任何人的疏忽,则该名合伙人或该名与该机构管理有关的人,亦同属犯了该罪行。

第27条　为检取及扣留作出赔偿

(1) 凡任何获授权人员根据第20条检取或扣留任何货物,则在符合本条的规定下,政府须向货主赔偿货主因检取或扣留该等货物而蒙受的损失或因货物在扣留期间被遗失或损坏而蒙受的损失；但在以下情况，则货主无权获取赔偿——

(a) 货主已就有关货物被裁定犯本条例所订罪行；

(b) 法庭或裁判官已根据第 24(4)条命令将货物毁灭或归还以作更改；或

(c) 法庭在货主根据本条提起的索偿诉讼中，信纳货物不符合——

(i) 第 3(1)(a)、(b)及(c)条所列的安全标准中其中最少一套标准内适用的规定、附表所列的有关规格或(如有多于一种规格)最少其中一种有关规格或规例所订立的附加安全标准；或

(ii) 第 8 条所订的一般安全规定。

(2) 在根据第(1)款向政府提起的索偿诉讼中，可讨回的赔偿数额须为在该个案中一切情况下属公平及合理的数额，该等情况包括下列人士的行为及相对的应受谴责程度——

(a) 货主；

(b) 在货物被检取时，掌管或控制该等货物的人；

(c) (a)及(b)段所指明的人的代理人；及

(d) 获授权人员、公职人员及其他有关人士。

(3) 除在以下时限，任何人均不得根据第(1)款提起索偿诉讼——

(a) 若索偿所涉货物已按法庭或裁判官的命令发还予货主，或由任何有权发还货物予货主的人发还予货主，有关诉讼须在货物发还后的 6 个月内提起；

(b) 若以货物在扣留期间遭遗失为索偿所据理由，则有关诉讼须在以下 2 段期间中较早届满的日期前提起——

(i) 货主发现货物遭遗失后的 6 个月内；或

(ii) 货主如作出合理努力后当可在某日发现货物遭遗失，该日后的 6 个月内。

第 28 条 执行开支的追讨

凡法庭——

(a) 裁定任何人犯第 3、5 或 8 条所订的罪行；或

(b) 根据第 24 条命令毁灭货物或将货物发还以作更改，

法庭除可发出与讼费或开支有关的其他命令外，亦可命令被定罪的人，或就被毁灭的货物或要更改的货物具有权益的人，向政府化验师偿付与测试该货物有关的费用及向关长偿付关长经已或可能招致的以下开支——

(i) 为检取或扣留有关货物而招致的有关开支；

(ii) 因购买任何玩具或儿童产品以供政府化验师测试所招致的开支；或

(iii) 关长为遵从法庭为配合毁灭或更改有关货物的命令而发出的指示所招致的有关开支。

第 29 条 指称为不安全产品的储存

(1) 获授权人员若有合理理由怀疑有人经已或正在就任何货物犯本条例所订罪行，可命令管有或控制该货物的人，安排将该等货物储存在获授权人员指明的地方，并可施加储存条件，而储存费用由该管有或控制货物的人负责。

(2) 除非获授权人员已予书面授权，否则任何人均不得将按照获授权人员根据第(1)款发出的命令而储存于指明地方的货物自该地方移走。

(3) 如任何人根据第(2)款获书面授权将货物自指明地方移走，须遵从获授权人员就移走该等货物所施加的条件。

(4) 任何人没有或拒绝服从根据第(1)款发出的命令，或违反

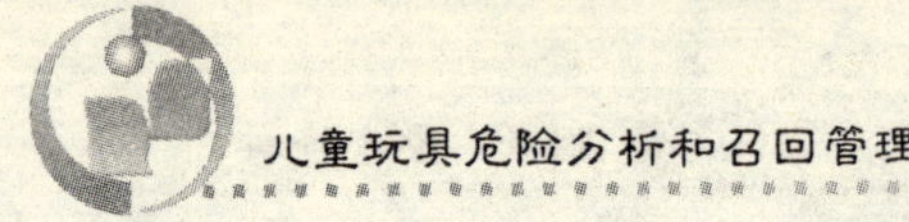

第(2)或(3)款,即属犯罪。

第30条 在不知情的情况下发布宣传品

如因发布宣传品而有任何人被检控犯本条例所订罪行,在有关诉讼中,若被告人证明其业务为发布或安排发布宣传品,并证明他是在日常营业过程中接受有关宣传品以作发布,而且不知道亦无理由怀疑发布有关宣传品会构成本条例所订罪行,即可以此为其免责辩护。

第31条 罚则

(1) 任何人犯第3、5、8、10、11、12或13条所订罪行——

(a) 如属首次定罪,可处罚款$100 000及监禁1年;

(b) 而其后各次定罪,可处罚款$500 000及监禁2年。

(2) 凡第(1)款所指罪行属持续的罪行,而经已向法庭证明而法庭信纳该罪行经持续一段期间,则该人除可处该款所指明的罚款外,另可就该段持续期间的每1天,加处$1 000。

(3) 任何人犯第18(1)、22、23、26或29条所订罪行,可处罚款$10 000及监禁1年。

第32条 提起诉讼的时效

不论《裁判官条例》(第227章)第26条有何规定,就本条例所订罪行提出的告发或申诉,必须在犯罪后3年内或检控官首次发现犯罪后12个月内(二者以较早届满的时限为准)提出,始可予审理。

第33条 以货物属过境货物、转运中的货物或为供出口而制造的货物为免责辩护

在任何就第3、5或8条所订罪行而进行的检控中,或在任何根据第35条所订立的规例所订罪行而进行的检控中,任何在香港发现的货物,如无相反证明,均须假定并非为过境货物、转运中的货

物或为供出口而制造的货物。

第 34 条　通知书的送达

(1) 根据任何有关条例须送达的通知书或指示，如用以下方式送达，即已送达妥当——

(a) 送达个别人士的，将通知书或指示送交他木人，或如不能方便地送交他本人，将通知书或指示——

(i) 留在他通常居住或进行业务的地址，或如该地址不详，留在他最后为人所知的地址；或

(ii) 邮寄往该地址给他；

(b) 送达——

(i) 公司的，将通知书或指示送交该公司的高级人员，或如不能方便地送交该公司的高级人员，将通知书或指示留在或邮寄往该公司的登记地址；

(ii)《公司条例》(第 32 章)所指的海外公司的，将通知书或指示交给或邮寄给居住于香港，而为符合该条例第Ⅺ部的规定获授权代表该海外公司接受法律程序文件及通知书的人；

(c) 送达合伙的，将通知书或指示送交任何合伙人，或如不能方便地送交任何合伙人，将通知书或指示留在或邮寄往该合伙营业的地址；

(d) 送达并非公司的法团或并非合伙亦非法团组织的团体，将通知书或指示送交该团体的高级人员，或如不能方便地送交该团体的高级人员，将通知书或指示留在或邮寄往该团体营业的地址。

(2) 就第(1)款而言，每一个并非公司的法团，及每一个并非合伙亦非法团组织的团体，均当作在该团体的总办事处或主要营业地点营业。

(3) 如任何通知书或指示——

(a) 是以邮递的方式送达,则在没有相反证据的情况下,该通知书或指示须当作是在其寄出之日后的第7天送达;或

(b) 是以将其留下于第(1)(a)(i)、(b)(i)或(ii)、(c)或(d)款(视乎情况而定)所指的地址的方式送达,则在没有相反证据的情况下,该通知书或指示须当作是在其留下之日后的第7天送达。

第35条　规例

(1) 商务及经济发展局局长可藉规例就以下所有或其中任何事宜订定条文——

(a) 指定任何产品为儿童产品;

(b) 订立适用于玩具或某类别玩具的附加安全标准,而在不局限上文的概括性的原则下,该等附加的安全标准在第3条所指的各套安全标准或其中某套安全标准有所规定的事宜方面,可包括较为严格的标准;

(c) 订立适用于指明儿童产品的附加安全标准,而在不局限上文的概括性的原则下,该等附加的安全标准在第5条所指的规格有所规定的事宜方面,可包括较为严格的标准;

(d) 禁止制造、进口或供应指明玩具或儿童产品或某类别的玩具或儿童产品;

(e) 如玩具或儿童产品的安全标准已由规例订立,指明适用于该等玩具或儿童产品的条例条文。

(2) 规例可规定任何人若违反该规例,即属犯罪——

(a) 如属首次定罪,可处罚款＄100 000及监禁1年;

(b) 而其后各次定罪,可处罚款＄500 000及监禁2年。

第36条　(废除)

附表[第 2、5、6、8、9、11、12、13 及 27 条]

第 1 栏 儿童产品	第 2 栏 标准		第 3 栏 标准的修订
婴儿假奶嘴	关于婴儿假奶嘴的英国标准	BS 5239:1988	AMD 6219:1989 AMD 6336:1991
	美国材料及试验学会标准:关于玩具安全的标准　消费者安全规范	ASTM F 963-96a	
	关于婴儿假奶嘴的澳洲标准	AS 2432:1991	
	关于婴儿假奶嘴的新西兰标准(与 AS 2432:1991 相同)	NZS 5857:1993	
婴儿睡袋	关于婴儿睡袋的安全规定的英国标准	BS 6595:1985	
婴儿学行车	关于婴儿学行车的安全规定的英国标准	BS 4648:1989	AMD 6680:1991 AMD 6948:1992
	美国材料及试验学会标准:关于幼儿学行车的标准　消费者安全施行规格	ASTM F 977-96	
奶瓶奶嘴	关于婴儿用合成橡胶喂奶瓶奶嘴的英国标准	BS 7368:1990	
家用双格床	英国标准:家具　家用双格床　第 1 部分:安全规定	BS EN 747-1:1993	AMD 8084:1993
	英国标准:家具　家用双格床　第 2 部分:测试方法	BS EN 747-2:1993	
	美国材料及试验学会标准:关于双格床的标准　消费者安全规格	ASTM F 1427-96	

续表

第1栏 儿童产品	第2栏 标准		第3栏 标准的修订
家用双格床	关于双格床的澳洲/新西兰标准	AS/NZS 4220:1994	
	欧盟标准:家具　家用双格床　第1部分:安全规定及第2部分:测试方法	EN 747-1 & 2:1993	AMD 8084:1993
	国际标准:家用双格床　安全规定及测试　第1部分:安全规定及第2部分:测试方法	ISO 9098-1 & 2:1994	
手携婴儿卧箱及类似的有把手产品及支架	关于手携婴儿卧箱及类似有把手及支架的安全规定的英国标准	BS 7551:1992	
	关于手携婴儿卧箱及支架(安全规定)的澳洲标准	AS 2196:1978	
	关于手携婴儿卧箱及支架(安全规定)的新西兰标准	NZS 5844:1989 (与AS 2196:1978 相同)	
家用儿童安全栅栏	关于家用儿童安全栅栏的安全规定的英国标准	BS 4125:1991	
	美国材料及试验学会标准:关于伸缩闸及可伸缩围栏的标准　消费者安全规格	ASTM F 1004-92	
家用婴儿床	英国标准:家具　家用婴儿床及可折合婴儿床　第1部分:安全规定及第2部分:测试方法	BS EN 716-1 & 2:1996	

续表

第1栏 儿童产品	第2栏 标准		第3栏 标准的修订
家用婴儿床	美国材料及试验学会标准:正常尺寸的有围栏婴儿床的标准规格	ASTM F 1169-88	
	欧盟标准:家具　家用婴儿床及可折合婴儿床　第1部分:安全规定及第2部分:测试方法	EN 716-1 & 2:1995	
	国际标准:家用婴儿床及可折合婴儿床　第1部分:安全规定及第2部分:测试方法	ISO 7175-1 & 2:1997	
家用儿童高脚椅及多种用途高脚椅	关于家用儿童高脚椅及多种用途高脚椅的安全规定的英国标准	BS 5799:1986	AMD 6681:1991
	美国材料及试验学会标准:关于高脚椅的标准消费者安全规格	ASTM F 404-89	
	国际标准:家具　儿童高脚椅　第1部分:安全规定及第2部分:测试方法	ISO 9221-1 & 2:1992	
	关于家用儿童高脚椅及多种用途高脚椅的安全规定的新西兰标准	NZS/BS 5799:1986	
儿童绘画颜料	玩具的英国标准安全第3部分:关于若干元素的转移的规格	BS 5665:第3部分:1995(与EN 71-3:1994相同)	

续表

第1栏 儿童产品	第2栏 标准		第3栏 标准的修订
儿童绘画颜料	美国材料及试验学会标准:关于玩具安全的标准 消费者安全规格	ASTM F 963-96a	
	澳洲标准:儿童玩具(安全规定) 第3部分:毒物学的规定	AS 1647.3:1995	
	欧盟标准:玩具安全 第3部分:关于若干元素的转移	EN 71-3:1994	
	关于玩具安全的新西兰标准	NZS 5820:1982	
	国际标准:玩具安全 第3部分:关于若干元素的转移	ISO 8124-3:1997	
儿童安全带	关于用以束缚被置于婴儿手推车(婴儿背架)中、儿童手推车中、高脚椅上及在学行中的儿童的安全带(包括可分拆的学行带)的英国标准	BS 6684:1989	AMD 6531:1990
	澳洲标准:给婴儿手推车、折合式婴儿车及高脚椅使用之安全带(包括可分拆的学行带)	AS 3747-1989	
家用儿童游戏围栏	关于家用儿童游戏围栏的安全规定的英国标准	BS 4863:1991	
	美国材料及试验学会标准:关于游戏围栏的标准 消费者安全规格	ASTM F 406-97	
儿童推车	关于儿童推车的安全规定的英国标准	BS 7409:1996	AMD 9270 :1996

续表

第1栏 儿童产品	第2栏 标准		第3栏 标准的修订
儿童推车	美国材料及试验学会标准:关于背架及折合式婴儿车的标准消费者安全施行规格	ASTM F 833-97	AMD 9270:1996
	关于婴儿手推车及折合式婴儿车的安全规定的澳洲标准/新西兰标准	AS/NZS 2088:1993	

(由 1997 年第16 号第 12 条代替。由 1997 年第 418 号法律公告修订;由 1998 年第 333 号法律公告修订)

第 424A 章　玩具及儿童产品安全(安全标准)公告

赋权条文

(第 424 章第 4 及第 6 条)

424A 第 1 条　修订安全标准

为施行本条例第 4 条,附表 1 第 1 栏的安全标准对应附表 1 第 2 栏的修订,适用于香港。

424A 第 2 条　修订标准

为施行本条例第 6 条,附表 2 第 1 栏的规格对应附表 2 第 2 栏的修订,适用于香港。

424A 附表 1

	安　全　标　准	安全标准的修订
1.	欧洲标准委员会 (European Committee for Standardization) 所订立的欧盟标准 71 (European Standard EN71)	经 EN 71-2:1993/AC:1995 修订的 EN 71-2:1993 EN 71-3:1994　EN 71-6:1994
2.	美国材料及试验学会 (American Society for Testing and Materials) 所订立的美国材料及试验学会标准 F963 (ASTM F963)	ASTM F963-96a

(1995 年制定。1997 年第 158 号法律公告)

424A 附表 2

	标　　准		标准修订
1.	英国标准:家具　家用双格床 第 2 部分:测试方法	BS EN 747-2:1993	AMD 8084
2.	关于儿童手推车的安全规定的 英国标准	BS 7409:1991	AMD 8012

(1995 年制定)

第 424B 章　玩具及儿童产品安全标准

赋权条文

(第 424 章第 35 条)

424B 第 1 条　(已失去时效而略去)

424B 第 2 条　玩具的识别标记

(1) 任何人不得供应任何玩具,除非第(2)款列出的资料已在以下物品的显眼处用中文或英文或中英文以清楚可读的形式予以标记——

(a) 该等玩具;

(b) 该等玩具的任何包装;

(c) 稳固地加于包装上的标签;或

(d) 附于包装内的文件。

(2) 第(1)款所提述的资料为玩具的制造商、进口商或供应商的以下资料——

(a) 全名、商标或其他识别标记;及

(b) 在香港的地址。

(3) 凡任何玩具的制造商、进口商或供应商属根据《公司条例》(第 32 章)成立为法团的公司,则根据第(2)(b)款所须提供的地址为该公司的注册办事处的地址。

(4) 本条不适用于过境货物、转运中的货物或为供出口而制造的货物。

(5) 任何人违反第(1)、(2)或(3)款,即属犯罪。

424B 第 3 条 儿童产品的识别标记

(1) 任何人不得供应任何儿童产品,除非第(2)款列出的资料已在以下物品的显眼处用中文或英文或中英文以清楚可读的形式予以标记——

(a) 该等儿童产品;

(b) 该等儿童产品的任何包装;

(c) 稳固地加于包装上的标签;或

(d) 附于包装内的文件。

(2) 第(1)款所提述的资料为儿童产品的制造商、进口商或供应商的以下资料——

(a) 全名、商标或其他识别标记;及

(b) 在香港的地址。

(3) 凡任何儿童产品的制造商、进口商或供应商属根据《公司条例》(第 32 章)成立为法团的公司,则根据第(2)(b)款所须提供的地址为该公司的注册办事处的地址。

(4) 本条不适用于过境货物、转运中的货物或为供出口而制造的货物。

(5) 任何人违反第(1)、(2)或(3)款,即属犯罪。

424B 第 4 条 玩具及儿童产品的双语警告或警诫

(1) 凡任何玩具或儿童产品或其包装标记有关于其安全存放、使用、耗用或处置的任何警告或警诫,或凡任何加于该包装上的标签或任何附于该包装内的文件载有关于其安全存放、使用、耗用或处置的任何警告或警诫，则该等警告或警诫须以中文及英文表达。

(2) 第(1)款所提述的任何警告或警诫须是清楚可读的，并须放置于以下物品的显眼处——

(a) 该等玩具或儿童产品；

(b) 该等玩具或儿童产品的任何包装；

(c) 稳固地加于包装上的标签；或

(d) 附于包装内的文件，视情况所需而定。

(3) 本条不适用于过境货物、转运中的货物或为供出口而制造的货物。

(4) 任何人供应不符合第(1)或(2)款规定的玩具或儿童产品，即属犯罪。

424B 第 5 条　罚则

任何人犯第 2、3 或 4 条所订罪行——

(a) 如属首次定罪，可处第 6 级罚款及监禁 1 年；及

(b) 而其后各次定罪，可处罚款＄500 000 及监禁 2 年。

有关表单

I　儿童产品信息备案项目

1. 生产者基本信息

生产者名称、性质(如国企、民营、合资、独资等)、地址、法定代表人、营业执照注册号、联系人姓名及职务、电话、电子邮件、传真、网址。

2. 产品识别信息

2.1　产品描述

2.1.1　产品名称

2.1.2　产品类型

2.1.3　产品包装(包装材料、包装尺寸、包装类型、包装外形等)

2.1.4　中文警示标志和警示说明

2.2　产品编码信息

2.2.1　产品生产批号或代号

2.2.2　生产批号或代号位于产品的位置

2.2.3　生产者明示的使用期

3. 消费者投诉记录

3.1　投诉详情(如投诉者的姓名、地址、电话)

3.2　产品详情(如产品名称、包装类型和大小、标识代码、投诉是否有产品抽样)

3.3　产品问题(如异物、致敏反应、疾病等)

3.4　零售详情(如商店名称和地址、购买日期)

3.5　投诉人购买产品后是如何使用的

4. 产品伤害事故

4.1　产品伤害的详情

产品伤害时间、地点

消费该产品儿童的年龄、性别、人群及数量

4.2　引发疾病的状况

患病者人数、姓名、年龄、发病时间、症状、所消费产品的数量、医院及医师详情（姓名、联系电话、联系日期）

5. 产品质量诉讼

6. 儿童产品在国外召回情况

7. 其他要求提供的资料

Ⅱ 召 回 计 划

（参考件，以质检总局正式要求为准）

1. 确定需要召回儿童产品存在缺陷

1.1　筹备召回管理小组

姓 名	职 务	联系方式			职责
		电 话	手机号	传 真	

召回管理小组成员可由企业的技术负责人、生产负责人、法律顾问、专家委员会成员等组成。明确召回管理小组各成员的职责，如制定决策、技术咨询、法律咨询、媒体联络、投诉调查、联络各个销售商、与技术监督部门联系等。

1.2　检查儿童产品是否存在危害

通过召回管理小组成员以及国家指定的专家组或检验/实验机构，确定产品存在危害。

2. 需要召回的儿童产品的信息

2.1　产品描述

产品名称、产品类型、产品包装（包装材料、包装尺寸、包装类型、包装外形等）。

2.2　产品编码信息

产品生产批号或代号、生产批号或代号位于产品的位置、生产者明示的使用期。

2.3　生产记录

2.3.1　原辅材料记录、原辅材料使用记录（数量、原辅材料生产批号)、原辅材料供货者信息(生产者名称、性质(国企、民营、合资、独资等)、地址、法定代表人、营业执照注册号、网址、联系人、电话、电子邮件、传真)。

2.3.2 所生产儿童产品数量。

2.4 质量安全控制记录

对每一批次的产品进行试验或者检验的结果的数据(抽样方法、检验指标、检验方法、检验结果等)。

3. 递交“儿童产品召回通知书”(通报国家质量检验检疫监督总局或质监部门)

当确定或怀疑生产或销售了可能会对消费者造成严重危害的产品时,应立即向质监部门报告。并提供相关信息。

3.1 生产者信息

生产者名称、性质(国企、民营、合资、独资等)、地址、法定代表人、营业执照注册号、联系人、联系人职务、电话、电子邮件、传真、网址。

3.2 缺陷儿童产品信息

3.2.1 产品名称、产品类型、生产单位、生产地址、生产者明示的使用期。

3.2.2 缺陷儿童产品特征信息。

3.2.3 应召回缺陷儿童产品占该产品总销售量的比例及召回范围。

3.2.4 可能召回缺陷儿童产品的总数。

3.3 缺陷描述

3.3.1 缺陷产生的原因。

3.3.2 缺陷可能导致的后果及引发的症状,可能产生危险的概率及严重程度。

3.4 缺陷的补救措施

3.5 召回日程

3.6 其他信息

4. 新闻发布(如果需要的话)

如果缺陷儿童产品会对消费者的健康和安全造成危害,可通过报纸等方式通告大众;如果缺陷儿童产品会对消费者的健康和安全造成紧急或者严重的危害,应通过电视媒体迅速、广泛的发布信息。

5. 销售情况(应包括以下信息)

5.1 销售范围(全国、区域)

5.2 销售批次、数量、发货日期

5.3 销售者信息

5.3.1 销售者名称。

5.3.2 销售者性质(国企、民营、合资、独资等)。

5.3.3 销售者类型(经销商、零售商)。

5.3.4 销售者地址、法定代表人、营业执照注册号、网址、联系人、联系人职务、电话、电子邮件、传真。

6. 准备和发布"缺陷儿童产品召回通知书"

6.1 拟写"召回通知书"

6.2 提交"召回通知书"

6.3 发布方法

根据销售记录中的销售者信息,与销售者取得联系并发布"召回通知书"。

7. 提交"召回总结报告"

8. 召回效果评估

8.1 生产者自评

8.2 质监部门组织评估

Ⅲ 生产者关于缺陷儿童产品的报告

国家质量监督检验检疫总局/省质量技术监督部门：

根据《儿童产品召回管理规定》的相关规定，________（生产者名称）决定将本报告中说明的产品实施召回，以消除安全隐患。

1. 生产者信息

单位名称			
单位性质	国企　民营　合资　独资　（　）		
地址			
法定代表人			
营业执照注册号			
办事处联系人		职务	
联系人地址			
邮政编码		传真	
电话			
电子邮件			
生产者网址			

2. 缺陷儿童产品信息

2.1　缺陷儿童产品识别信息

产品名称	
产品类型	
明示的使用期	
生产批号或代号	
规格	
包装形式	

2.2　缺陷儿童产品特征信息

____

2.3　应召回缺陷儿童产品占该产品总销售量的比例及召回范围

____

2.4　可能召回缺陷儿童产品的总数

____

3. 缺陷描述

____

3.1　缺陷产生的原因

____

3.2　缺陷可能导致的后果

____

3.3　如果该缺陷儿童产品的原辅材料是从其他生产者采购的，提供该生产者的详细信息（名称、地址和联系方式等）以及该生产单位的负责人或法定代表人。

企业名称：______________________________

地址：______________________________

电话：______________　传真：______________

企业法定代表人______________电话：______________

电子邮件：______________

4. 缺陷的补救措施

4.1　收回/撤回/退货/更换

____

4.2　改进设计/修理

____

4.3 销毁

____

4.4 其他

____

5. 附召回计划

____

企业名称(盖章)

年　月　日

Ⅳ　儿童产品召回阶段性报告

（责令召回时使用）

第　　次报告

国家质量监督检验检疫总局：

根据《儿童产品召回管理规定》和贵局第　　号通知的有关要求，本单位现就本阶段（　年　　月　日至　　年　　月　　日）开展的对　　　　　　（召回的儿童产品描述）召回行动的进展情况报告贵局：

1. 召回通知书已发布情况

批发者________户；　零售者________户；　消费者约________人；

媒体（具体名称）

____

2. 召回情况

2.1　已召回儿童产品数量

	本阶段数量		累计数量	
	销售者数（户）	召回产品数（箱/个）	销售者数（户）	召回产品数（箱/个）
经销者				
消费者				
其他				
共计				

2.2　已召回缺陷儿童产品地区分布

________（省/市/县）已召回产品数量__________；

________(省/市/县)已召回产品数量__________;

________(省/市/县)已召回产品数量__________;

________(省/市/县)已召回产品数量__________;

3. 已召回儿童产品占已销售产品的比例:__________

4. 已发生事故状况(如果没有则不用填写)

____

5. 召回后处理情况

____

6. 为阻止此类问题再发生采取的预防措施

____

7. 召回过程中的困难及需要的帮助

____

8. 后期召回计划(如有变更)

____

企业名称(盖章):

年　　月　　日

V　儿童产品召回记录单

召回记录单编号：

产品生产者：

产品销售者：

召回编号：

召回日期：

序号：

缺陷儿童产品信息	产品名称	
	产品类型	
	生产批次及编码	
	包装形式	
	产品商标	
用户信息	姓名	
	地址	
	联系电话	
	购买时间	
	购买数量	
处理措施	召回	
	发布警示	
	处理方式	收回、撤回、退回、修理、更换等　(　　)

用户(签字)　　　　销售者(签章)：　　　　召回企业(盖章)：

Ⅵ 召回总结报告

1. 缺陷产生的原因

2. 召回计划的实施的详细情况

(至少包括以下几方面内容)

召回的具体措施和方法;

召回范围;

发出通知书数量;

返回反馈表数量;

召开召回会议情况。

3. 召回的销售范围和数量

4. 召回效果,包括已回收并消除缺陷的儿童产品和仍未召回的数量

5. 对尚未召回的缺陷儿童产品的原因的说明,及所要采取的针对性措施

6. 对防止同样缺陷儿童产品再次发生和对召回行动改进的建议

召回企业(盖章):

年　月　日

主要的玩具标准目录

国家/地区	标准号及名称	
中国国家标准	GB 5296.5—2006	消费品使用说明 第5部分:玩具
	GB 6675—2003	国家玩具安全技术规范
	GB/T 9832—1993	毛绒、布制玩具安全与质量
	GB/T 13433—1992	产品标准中有关儿童安全的要求
	GB 14746—2006	儿童自行车安全要求
	GB 14747—2006	儿童三轮车安全要求
	GB 14748—2006	儿童推车安全要求
	GB 14749—2006	婴儿学步车安全要求
	GB 19212.8—2006	电力变压器　电源装置和类似产品的安全　第8部分:玩具用变压器的特殊要求
	GB 19865—2005	电玩具的安全
中国香港地区标准	玩具及儿童产品安全条例 (符合 ASTM F963、EN-71 等)	
中国台湾地区标准	CNS 4797,4798 玩具安全标准 CNS 12940 童车安全标准	
国际标准	ISO 8124-1	玩具安全　第1部分:机械和物理性能相关的安全要求
	ISO 8124-2	玩具安全　第2部分:阻燃
	ISO 8124-3	玩具安全　第3部分:某些元素的转移
	ISO 8098-2002	儿童自行车的安全要求
	IEC 61558 2 7(2007)	电力变压器、电源装置和类似产品的安全　第2～7部分:玩具用变压器的特殊要求
	IEC 62115(2004)	电动玩具 安全

续表

国家/地区	标准号及名称	
欧盟标准和法规	EN 71-1	玩具安全　第 1 部分:机械和物理性能
	EN 71-2	玩具安全　第 2 部分:阻燃性能
	EN 71-3	玩具安全　第 3 部分:特定元素之迁移
	EN 71-4	玩具安全　第 4 部分:化学和有关活动的试验装置
	EN 71-5	玩具安全　第 5 部分:化学玩具(试验装置除外)
	EN 71-6	玩具安全　第 6 部分:年龄标志的图形表示
	EN 71-7	玩具安全　第 7 部分:指画颜料技术要求及测试方法
	EN 71-8	玩具安全　第 8 部分:家庭室内或室外用的秋千、滑梯及类似玩具
	EN 71-9	玩具安全　第 9 部分:有机化学化合物
	EN 71-10	玩具安全　第 10 部分:有机化学化合物配置品及提取物样品
	EN 71-11	玩具安全　第 11 部分:有机化学化合物分析方法
	EN50088:	电子玩具安全性测试
	EN62115:	电气玩具安全性
	88/378/EEC	玩具安全指令
	89/336/EC	电磁兼容性指令
	1999/815/EC	邻苯二甲酸酯增塑剂指令
	2005/84/EC	邻苯二甲酸盐增塑剂指令
美国标准和法规	ANSI/UL 696(1996)	电动玩具安全标准
	ANSI/UL 696(2004)	玩具用变压器安全标准
	ASTM F963-2007	标准消费者安全规范　玩具安全
	ASTM F834-1999	玩具箱安全标准规范
	ASTM F2373-2006	6 到 23 个月幼儿公用设施安全标准规范
	ASTM F977-2007	婴儿学步车安全标准规范

续表

国家/地区	标准号	名称
美国标准和法规	ASTM F1838-1998	户外用儿童塑料椅标准实施要求
	ASTM F2613-2007	儿童折叠椅消费者安全规范
	ASTM F1313-2005	橡皮奶嘴上的橡胶物挥发性 N-亚硝胺含量标准规范
	CPSC	联邦法规第 16 章
澳大利亚标准	AS 1647.1	儿童玩具安全要求第 1 部分:一般要求
	AS 1647.2	儿童玩具安全要求第 2 部分:结构要求
	AS 1647.3	儿童玩具安全要求第 3 部分:毒性要求
	AS 1647.4	儿童玩具安全要求第 4 部分:阻燃要求

检 测 机 构 名 单

国家认监委2006年第8号公告认定的玩具产品

强制性认证检测机构

(2006年2月28日)

序号	机构名称	通信地址
1	中华人民共和国扬州进出口玩具检验所	地址:江苏省扬州市文昌西路107号 邮编:225009 电话:0514-7862465 传真:0514-7885882
2	江苏检验检疫自行车检测中心	地址:江苏省昆山市长江中路428号 邮编:215300 电话:0512-57310060 传真:0512-57372425
3	广东出入境检验检疫局检验检疫技术中心玩具检测中心	地址:广东省广州市天河区珠江新城花城大道66号B座 邮编:510623 电话:020-38290582 传真:020-38290599
4	广东出入境检验检疫局粤东玩具检测中心	地址:汕头市澄海区外经大楼(324国道岭亭路段) 邮编:515800 电话:0754-5859643 传真:0754-5859645
5	广州日用电器检测所	地址/邮编:广州市新港西路204号 邮编:510300 电话:020-84451692 传真:020-84183160

续表

序号	机构名称	通信地址
6	广州电气安全检验所/广东省产品质量监督检验中心	地址:广州市海珠区新港东路海诚东街6号 邮编:510330 电话:020-89232855 传真:020-89232876
7	深圳出入境检验检疫局玩具检测技术中心	地址:广东省深圳市福强路1011号检验检疫大厦15楼 邮编:518045 电话:0755-83381989 传真:0755-83396455
8	深圳市计量质量检测研究院	地址:深圳市南山区龙珠大道中计量质检院大楼 邮编:518055 电话:(0)13902976836 传真:0755-26941608
9	福建省中心检验所	地址:福建省福州市杨桥西路山头角121号 邮编:350000 电话:0591-83762052 传真:0591-83710867
10	浙江方圆检测集团股份有限公司	地址:杭州市天目山路222号 邮编:310013 电话:0571-85122128/85025759 传真:0571-85025640/85025759
11	中国上海进出口玩具检测中心	地址:上海市浦东新区民生路1208号 邮编:200135 电话:021-68569667 传真:021-68569665、68549399

续表

序号	机构名称	通信地址
12	国家玩具质量监督检验中心(上海方圆玩具检验所)	地址:上海市襄阳南路450号 邮编:200031 电话:021-64375445 传真:021-64378969
13	上海市质量监督检验技术研究院	地址:上海市徐汇区苍梧路381号 邮编:200233 电话:021-64851013 传真:021-64851013
14	北京出入境检验检疫局玩具检验中心	地址:北京市朝阳区甜水园街6号1810室 邮编:100026 电话:010-58619211,58619212 传真:010-58619211
15	国家自行车质量监督检验中心	地址:天津市南开区黄河道501号 邮编:300111 电话:022-27650315 传真:022-27640673